高职高专规划教材

建 筑 抗 震

陈文元　编著
胡兴福　主审

中国建筑工业出版社

图书在版编目（CIP）数据

建筑抗震/陈文元编著. —北京：中国建筑工业出版
社，2018.7（2022.1重印）
高职高专规划教材
ISBN 978-7-112-22355-8

Ⅰ. ①建… Ⅱ. ①陈… Ⅲ. ①建筑结构-防震设
计-高等职业教育-教材 Ⅳ.①TU352.104

中国版本图书馆 CIP 数据核字（2018）第 122629 号

　　本书主要内容涵盖地震基本知识、建筑抗震计算原理、砌体结构抗震构造、多层和高层钢筋混凝土结构抗震构造、钢结构抗震构造、装配式建筑抗震与构造非结构构件抗震构造、隔震与消能减震技术，融合了《建筑抗震设计规范》GB 50011、《建筑物抗震构造详图》11G329、《装配式混凝土连接节点构造》15G310 等最新的结构规范、图集。

　　本书可作为高等职业院校及本科院校举办的二级职业技术学院和民办高校的土建大类专业，以及土建施工类专业结构抗震构造、装配式建筑构造方面的教材，也可作为专升本考试用书以及有关工程技术人员的参考用书。

责任编辑：朱首明　赵云波
责任校对：焦　乐

高职高专规划教材
建 筑 抗 震
陈文元　编著
胡兴福　主审

*

中国建筑工业出版社出版、发行（北京海淀三里河路 9 号）
各地新华书店、建筑书店经销
霸州市顺浩图文科技发展有限公司制版
北京建筑工业印刷厂印刷

*

开本：787×1092 毫米　1/16　印张：9¾　字数：237 千字
2018 年 8 月第一版　2022 年 1 月第三次印刷
定价：**23.00** 元
ISBN 978-7-112-22355-8
（32244）

前　　言

　　"建筑抗震"是建筑工程技术专业的重要课程之一。该课程整合了地震基本知识、建筑抗震计算原理、砌体结构抗震构造、多层和高层钢筋混凝土结构抗震构造、钢结构抗震构造、装配式建筑抗震与构造、非结构构件抗震构造、隔震与消能减震技术等八大部分内容，具有很强的综合性和实用性，特别是目前装配式建筑大量推广，其抗震的安全性、可靠性尤为引起人们关注，本书把传统建筑与装配式建筑抗震构造同时编入有利于学习、对比。

　　该书结合多年在高职教育的教学经验，深知这门课程对于学生来说具有一定的难度，因此在编写过程中尽量做到由浅入深，注重内容的系统性和相互关联性，摒弃烦琐的公式演绎，重点关注公式的实用性和适用条件，体现了结构抗震概念设计和构造图例。

　　该书对于建筑工程技术专业教学中面临的课程内容多、学习难度大、课时少的问题给予了整体解决方案。本书内容参照最新的规范与标准，包括《建筑抗震设计规范》《混凝土结构设计规范》《砌体结构设计规范》《钢结构设计规范》《混凝土结构施工图平面整体表示方法制图规则和构造详图》《建筑物抗震构造详图》《装配式钢结构建筑技术标准》《装配式混凝土建筑技术标准》等，确保了内容与新规范相协调。

　　该书在内容组织上对以往抗震教材进行了适当调整：重点介绍了地震基本概念、结构概念设计及《建筑物抗震构造详图》《装配式混凝土结构连接节点构造》等内容，弱化了抗震计算原理介绍。

　　该书由四川建筑职业技术学院的陈文元（主编）、胡晓群（副主编）、李雪梅（副主编）、李和珊（副主编）、冯昱燃（参编），四川建筑职业技术学院的胡兴福教授主审，他们长期在建筑结构抗震教学与工程实践的一线，理论与实践结合，但经验和水平有限，书中难免有不少缺点，敬请批评与指正，以便及时修正。

目　　录

第一章 绪 论

1.1 结构及抗震沿革

1.1.1 结构发展沿革

结构按承重结构的所用材料分类，可分为混凝土结构（图1.1）、钢结构（图1.2）、砌体结构（图1.3）和木结构（图1.4）等，前三类是目前应用最广泛的结构，俗称三大结构。本书只介绍这三大结构计算、构造、绘图有关的内容。

图1.1 混凝土结构

图1.2 钢结构

图1.3 砌体结构

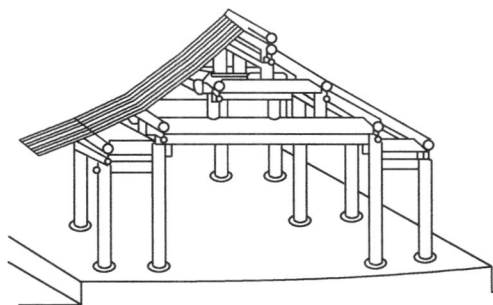

图1.4 木结构

结构上的作用是指能使结构产生效应（内力、变形）的各种原因的总称，可分为直接作用和间接作用两类。直接作用是指作用在结构上的各种荷载，如土压力、构件自重、使用活荷载、风荷载、地震等，它们直接使结构或构件产生内力和变形效应。间接作用则是指地基变形、混凝土收缩、温度变化等，它们在结构中引起外加变形和约束变形，从而产生内力效应。

土木工程结构有着悠久的历史。我国黄河流域的仰韶文化遗址就发现了公元前5000~公元前3000年的房屋结构痕迹。两千多年以前，我国已有了"秦砖汉瓦"。我国早期的建筑采用的多为木结构的构架制，砖、石仅作填充围护墙之用，如气势宏伟的北京故宫及大量的民居等。而全长达6350多公里的万里长城则是砖砌体的杰作。此外高40m、坐落在河南登封的嵩岳寺塔是现存最古老的砖砌佛塔。金字塔（建于公元前2700~公元前2600年）、万里长城、赵州桥等都是结构发展史上的辉煌之作。17世纪工业革命后，资本主义国家工业化的发展推动了建筑结构的发展。

17世纪开始使用生铁，19世纪初开始使用熟铁建造桥梁和房屋。自19世纪中叶开始，钢结构得到蓬勃发展。19世纪20年代，美国人发明水泥以来，钢筋混凝土结构得到了迅猛发展。1861年法国花匠用水泥砂浆制作花盆，其中放置钢筋网增加其强度，从而开创了"蒙氏体系"。随着19世纪末工业的发展，水泥、钢材质量不断提高；随着科学研究的深入，计算理论不断改进；施工经验的不断积累、完善，使得钢筋混凝土结构得到相当广泛的应用。到了20世纪20年代，德国人制造了钢筋混凝土薄壳结构。1928年，法国人就已制成了预应力混凝土构件。20世纪30年代，预应力混凝土结构的出现使混凝土结构的应用范围更加广泛。目前，世界上的摩天大楼不胜枚举。马来西亚吉隆坡石油大厦（1996年建成，组合结构）高达451.9m，88层。

我国在土木工程结构领域也取得了辉煌成就。建筑结构方面，2008年建成、矗立于我国上海浦东陆家嘴的上海环球金融中心，高492m，地上101层，地下3层，其高度当年全国第一。已经建成的上海中心，设计高度632m，121层，是目前世界第三高楼，如图1.5所示。2008年6月建成了主跨跨径达1088m的当时世界第一跨径的苏通斜拉桥，如图1.6所示。2002年中国建成了跨度550m的世界最大跨径钢拱桥钢结构大桥——卢浦大桥，1988年建成的飞云江桥，位于浙江瑞安，跨越飞云江，全长1718m，最大跨度62m，桥面宽13m，混凝土强度等级C60，是当时我国最大的预应力混凝土简支梁桥。

图1.5　上海浦东陆家嘴

图1.6　苏通大桥

虽然土木工程结构已经历了漫长的发展过程，但至今仍生机勃勃，不断发展。概括起来，建筑结构的发展趋势主要在以下几个方面：

（1）材料方面，随着高层建筑及大跨度建筑的发展需要，建筑材料研究的深入，材料的性能不断提高，使得建造大跨、超高层建筑成为现实。混凝土将向轻质高强方向发展。随着水泥和钢材工业的发展，混凝土和钢材的质量不断改进、强度逐步提高。例如，在美国 20 世纪 60 年代使用的混凝土抗压强度平均为 28N/mm²，20 世纪 70 年代提高到 42N/mm²，近年来一些结构的混凝土抗压强度已经达到 80～100N/mm²。苏联 20 世纪 70 年代使用的钢材平均屈服强度为 380N/mm²，20 世纪 80 年代提高到 420N/mm²；美国在 20 世纪 70 年代使用的钢材平均屈服强度已达 420N/mm²。预应力钢筋所用强度则更高，用于预应力混凝土构件中钢筋的屈服强度为 450～700N/mm²。而钢丝的极限强度可高达 1800N/mm²左右。这些均为进一步扩大钢筋混凝土的应用范围创造了条件，特别是自 20 世纪 70 年代以来，很多国家把高强度钢材和高强度混凝土用于大跨、重型、高层结构中，在减轻自重、节约钢材上取得了良好的效果。

（2）理论方面，随着研究的不断深入、统计资料的不断积累，结构设计方法将会发展至概率极限状态设计方法。半个世纪以来我国混凝土结构理论及规范从无到有，经历了从照搬、模仿到依据试验研究和工程实践自主编制的过程。早期的《钢筋混凝土结构设计规范》（草案）BJG 21—1966 规范，基本引用、参照苏联的规范；TJ 10—74 规范则采用安全系数法进行设计。30 多年来混凝土结构设计规范国家标准管理组围绕规范修订，组织进行了多批系统的试验研究，奠定了我国现代混凝土结构理论的基础，并成为规范修订的主要依据。《混凝土结构设计规范》GBJ 10—1989 规范确定了我国混凝土结构设计规范的基本模式，《混凝土结构设计规范》GB 50010—2002 及修订的新规范将从"构件分析"向"结构分析"、"结构性态"过渡。

最早的设计方法是把结构构件看成完全弹性体，要求其在使用期间截面上任何一点的应力不超过容许应力值。这种方法称为"容许应力设计法"。随着研究的深入，人们逐渐认识到钢筋混凝土的塑性性能，从而提出了"破损阶段设计法"。该法以构件的极限承载力为依据，要求荷载的数值乘以大于 1 的安全系数后不超过构件的极限承载力。后来，在破损阶段设计法进一步发展的基础上又提出了极限状态设计法。根据荷载、材料、工作条件等不同情况采用不同系数的极限状态设计法；部分系数的确定采用概率的方法，部分系数由经验确定，故也称为"半概率设计法"。随着工程实践经验的进一步积累，结合最新的科研成果，提出了概率极限状态法，采用概率的方法给出结构可靠度的计算，该法在表达方式上虽然与以往的方法有些类似，但两者在本质上是有区别的，该法已属于概率法的范畴。我国最新的《混凝土结构设计规范》GB 50010 采用的就是概率极限状态设计法。

随着研究理论和计算方法的进一步成熟，结构设计方法将有可能发展至全概率极限状态设计方法。

（3）结构方面，空间网架发展十分迅速，最大跨度已逾百米。悬索结构、薄壳结构也是大跨度结构发展的方向。高层砌体结构也开始应用。组合结构也是结构发展的方向。为了克服钢筋混凝土易于产生裂缝这一缺点，促成了预应力混凝土的出现。预应力混凝土的应用又对材料强度提出了新的更高的要求，而高强度混凝土及钢材的发展反过来又促进了预应力混凝土结构应用范围的不断扩大。为改善钢筋混凝土自重大的缺点，世界各国已经大力研究发展了各种轻质混凝土，可在预制和现浇的建筑结构中采用，例如可制成预制大型壁板、屋面板、折板，以及现浇的薄壳、大跨、高层结构。由于砌体结构具有经济和保温隔热性能好等优点，现仍广泛应用于多层民用建筑，特别是多层住宅。

1.1.2　混凝土结构的特点与应用

钢筋混凝土结构是由钢筋和混凝土这两种物理力学性能完全不同的材料组成共同受力的结构。这种结构能很好地发挥钢筋和混凝土这两种材料不同的力学性能，形成受力性能良好的结构构件。

钢筋混凝土结构在土木工程中被广泛应用，这种结构除了能够很好地利用钢筋和混凝土这两种材料各自的性能外，还具有下列优点：

（1）取材容易。在钢筋混凝土结构中，砂、石材料所占比例较大，一般情况下可以就地取材，而且还可以利用工业废料（如粉煤灰、工业废渣等），起到保护环境的作用。

（2）耐久、耐火性好。钢筋受到混凝土的保护，不易锈蚀，因而钢筋混凝土结构具有很好的耐久性，不像钢结构或木结构那样要进行保养维护。遭遇火灾时，不会像木结构那样轻易被燃烧，也不会像钢结构那样很容易软化而失去承载力。

（3）整体性好、刚度大。现浇式或装配整体式钢筋混凝土结构的整体性好、刚度大，这对抗震、防爆等都十分有利。

（4）可模性好。钢筋混凝土可以根据需要浇筑成各种形状和尺寸的结构，其可模性远比其他结构优越。

钢筋混凝土结构具有以下缺点：

（1）自重大。钢筋混凝土构件的截面尺寸相对较大，结构的自重也很大，因此不利于修建大跨度结构和高层建筑，对结构的抗震也很不利。

（2）抗裂性能差。混凝土的抗拉强度非常低，因此普通钢筋混凝土结构常带裂缝工作，对于要求抗裂或严格要求限制裂缝宽度的结构，就需要采取专门的结构或工程构造措施。

（3）施工工期长、工艺复杂，且受环境、气候影响较大，隔热、隔声性能相对较差，并且不易修补与加固。

这些缺点使得钢筋混凝土结构的应用范围受到一些限制，但随着科学技术的发展，上述缺点正在逐步克服和改善之中。如采用轻质高强混凝土，可大大降低结构的自重；采用预应力混凝土，可减少混凝土开裂；采用粘钢或植筋技术等，可解决加固的问题；采用装配式结构工厂化生产的方式，可克服工期长、受环境气候影响大等问题。

钢筋混凝土结构可按不同的分类方法进行分类：

（1）按受力状态和构造外形分为杆件系统和非杆件系统。杆件系统是指受弯、拉、压、扭等作用的基本杆件（如梁、板、柱等）；非杆件系统是指大体积结构及空间薄壁结构等。

（2）按制作方式可分为整体（现浇）式、装配式、整体装配式三种。整体（现浇）式结构刚度大、整体性好，但施工工期长、模板工程多；装配式结构可实现工厂化生产，施工速度快，但整体性相对较差，且构件接头复杂；整体装配式兼有整体式和装配式这两种结构的优点。

（3）按有无预应力分为普通钢筋混凝土结构和预应力混凝土结构。预应力混凝土结构是指在结构受荷载作用之前，人为地制造一种压应力状态，使之能够部分或全部抵消由于荷载作用所产生的拉应力，提高结构的抗裂性能。我国是世界上使用混凝土结构最多的国家，每年混凝土的用量已超过 5 亿 m^3。

在房屋建筑工程中，住宅、商场、办公楼、厂房等多层建筑，广泛地采用混凝土框架或墙体为砌体、屋（楼）盖为混凝土的结构形式；高层建筑大都采用钢筋混凝土结构，也都采用了混凝土结构或钢—混凝土组合结构。除高层建筑之外，在大跨度建筑方面，由于广泛采用预应力技术和拱、壳、V形折板等形式，已使建筑物的跨度达百米以上。

在交通工程中，大部分的中、小型桥梁都采用钢筋混凝土建造，尤其是拱形结构的应用，使得大跨度桥梁得以实现。一些大跨度桥梁常采用钢筋混凝土与悬索或斜拉结构相结合的形式，悬索桥中如我国的润扬长江大桥、日本的明石海峡大桥；斜拉桥中如我国的杨浦大桥、日本的多多罗桥等，都是极具代表性的中外名桥。

在水利工程中，钢筋混凝土结构也扮演着极为重要的角色。世界上最大的水利工程——长江三峡水利枢纽中高达185m的拦江大坝，即为混凝土重力坝，坝体混凝土用量达1527万 m^3；此外，在仓储构筑物、管道、烟囱及电视塔等特殊构筑物中也普遍采用了钢筋混凝土和预应力混凝土，如上海电视塔和国家大剧院等。

1.1.3 钢结构的特点与应用

钢结构是以钢板和型钢等钢材通过焊接、铆接或螺栓等方法连接成的工程结构。建成一项钢结构工程，主要包括设计、制作、安装三个主要阶段，需要解决大量的专门技术问题。

与混凝土结构相比，钢结构具有如下突出优点：

（1）强度高，自重轻。虽然钢材的密度明显大于混凝土的密度，但其强重比（强度与密度之比）要远高于混凝土，在相同承载力要求下，钢构件截面积小、重量轻。例如，在跨度和荷载相同的条件下，钢屋架重量仅为钢筋混凝土屋架的1/4～1/3。

（2）材质均匀，可靠性高。钢材由钢厂生产，质量控制严格，材质均匀性好，且有良好的塑性和韧性，比较符合理想的各向同性弹塑性材料假设，目前已有的分析设计理论能够较好地反映钢结构的实际工作性能，因而钢结构的安全可靠性高。

（3）工业化程度高，工期短，环境影响小。钢结构制作以工厂为主，工业化程度高，精度高，质量好，现场安装工期短，对环境影响小。

（4）连接方便，改造容易，重复利用率高。钢结构安装、拆卸方便，便于结构改造，有很好的适应性。钢结构报废拆除后，绝大部分钢材可以再次利用，对减少环境损害、节约资源有重要意义，钢材是公认的符合可持续发展要求的绿色建材。

（5）抗震性能好。钢结构由于自重轻，受到的地震作用较小。钢材具有较高的强度和较好的塑性和韧性，合理设计的钢结构具有很好的延性、很强的抗倒塌能力。国内外历次地震中，钢结构损坏相对较轻。.

（6）密封性好。钢结构采用焊接连接后可以做到安全密封，能够满足高压气柜、油罐、管道等对气密性和水密性的要求。

钢结构也存在以下主要缺点：

（1）耐腐蚀性差。普通钢材容易锈蚀，必须采用防腐涂料等表面防护措施，一般还需定期维护，导致维护费用较高。

（2）耐火性差。钢结构耐热性能好，但耐火性较差。温度在200℃以内时，钢材性质变化很小；当温度达到300℃以上时，强度逐渐下降；温度达到600℃左右时，强度几乎为零。而火灾中未加防护的钢结构温度可高达800℃以上，一般只能维持20 min左右。

因此，在有防火要求时，必须采取防火措施，如在钢结构外面包混凝土或其他防火材料，或在构件表面喷涂防火涂料等，这不仅增加造价，也影响外观和施工。

（3）稳定问题较突出。由于钢材强度高，一般钢结构构件截面小、壁厚薄，因而在压力和弯矩等作用下存在构件甚至整个结构的稳定问题，必须在设计施工中给予足够重视。

（4）价格相对较贵。由于钢材相对于混凝土材料价格较高，采用钢结构一次性结构造价会略有增加，在我国往往影响业主的选择。但上部结构造价占工程总投资的比例不大，如果综合考虑各种因素，尤其是工期优势，则钢结构具有良好的综合效益。

钢结构优点突出，应用很广泛，普通钢结构在土木工程中主要应用在以下几方面：

重型工业厂房：例如大型冶金企业、火力发电厂和重型机械制造厂等的一些车间，由于厂房跨度和柱距大、高度高，设有工作繁忙和起重量大的起重运输设备及有较大振动的生产设备，并需兼顾厂房改建扩建要求，常采用由钢柱、钢屋架和钢吊车梁等组成的全钢结构。

高层及超高层房屋：房屋越高，所受侧向水平作用如风荷载及地震作用的影响也越大。采用钢结构可减小柱截面，减小结构质量，增大建筑物的使用面积，提高房屋抗震性能。

大跨度结构：由于受弯构件在均布荷载下的弯矩与跨度的平方成正比，当跨度增大到一定程度时，为减轻结构重量，采用自重较轻的钢结构具有突出的优势。

高耸结构：电视塔、输电线塔等高耸结构采用钢结构，可大大减少地基处理费用，降低运输费用，当施工现场场地受限时，亦便于施工组织。

密闭结构：密闭性要求较高的高压容器、煤气罐、贮油罐、高炉和高压输水管等，适合采用钢板壳结构。

临时结构：需经常装拆和移动的结构，如各类钢脚手架、塔式起重机和采油井架等。

此外，大跨桥梁结构、水工结构中的闸门、各种工业设备的支架如锅炉支架等，也常采用钢结构。随着我国钢年产量超过 4 亿吨，除了上述传统采用钢结构的领域外，钢结构在高速公路、铁路、物流业乃至游乐设施等越来越多的领域得到了越来越广泛的应用。

1.1.4　砌体结构的特点与应用

砌体是由砖、石或各种砌块用砂浆砌筑粘结而成的材料。由砌体构成墙、柱作为建筑物主要受力构件的结构称为砌体结构。由普通烧结砖、烧结多孔砖、蒸压灰砂砖、蒸压粉煤灰砖作为块体与砂浆砌筑而成的结构称为砖砌体结构；由天然毛石或经加工的料石与砂浆砌筑而成的结构称为石砌体结构；由普通混凝土、轻骨料混凝土等材料制成的空心砌块作为块体与砂浆砌筑而成的结构称为砌块砌体结构。根据需要在砌体的适当部位配置水平钢筋、钢筋网或竖向钢筋作为建筑物主要受力构件的结构总称为配筋砌体结构。砖砌体结构、石砌体结构、砌块砌体结构以及配筋砌体结构统称为砌体结构，在铁路、公路、桥涵等工程中又称为圬工结构。在我国悠久的历史中，砌体结构应用非常广泛，其中，石砌体结构与砖砌体结构更是源远流长。

砌体结构具有下列优点：

（1）砌体结构材料如石材、黏土、砂等是天然材料，分布广，易于就地取材。此外，工业废料如煤矸石、粉煤灰、页岩等都是制作块材的原料，用来生产砖或砌块不仅可以降低造价，也有利于环境保护。

（2）采用砌体结构较现浇钢筋混凝土结构可以节约水泥、钢材和木材，即节约三材。砌体结构施工不要求特殊的技术设备，砌体结构施工操作简单、快捷。一般新砌筑砌体即可承受一定荷载，因而可以连续施工；在寒冷地区，必要时还可以采用冻结法施工。

（3）砌体结构有很好的耐火性和较好的耐久性，使用年限长。

（4）节能效果明显。砌体结构特别是砖砌体结构的保温、隔热性能良好，砖墙房屋能调节室内湿度。

（5）当采用砌块或大型板材作为墙体时，可以减轻结构自重，加快施工进度，进行工业化生产和施工。采用配筋混凝土砌块的高层建筑较现浇钢筋混凝土高层建筑可节省模板，加快施工进度。

（6）随着高强度混凝土砌块等块体的开发和利用，专用砌筑砂浆和灌孔混凝土材料的发展，配筋砌块砌体剪力墙结构在等厚度墙体内可随平面和高度方向改变质量、刚度、配筋，有利于抗震，在高层民用建筑应用中取得了较大的进展。

砌体结构也具有以下缺点：

（1）砌体结构自重大，强度不高，特别是抗拉、抗剪及抗弯强度很低，因此，砌体结构截面尺寸一般较大，材料用量较多。

（2）砂浆和砖、石、砌块之间的粘结力较弱，结构延性差，抗震能力低，必要时可采用配筋砌体或高粘结性砂浆来提高结构的承载力和延性。

（3）砌体结构砌筑工作繁重。砌体施工基本采用手工方式砌筑，劳动量大，生产效率低，需要进一步推广砌块、振动砖墙板和混凝土空心墙板等工业化施工方法。

（4）制造黏土砖往往占用农田，影响农业生产，且对保持生态平衡也很不利，故必须大力发展砌块、煤矸石砖、粉煤灰砖等替代黏土砖。

砌体结构具有很多明显的优点，因此，应用范围广泛。但砌体结构存在的缺点，也限制了其在某些环境中的应用。采用砌体可以建造房屋的承重结构及其他的部件，包括基础等。无筋砌体房屋一般可建 5~7 层，配筋砌块剪力墙结构房屋可建 8~18 层。在某些产石材的地区，也可以用毛石或料石建造房屋，目前已有建到 5 层的。采用砌体可以建造特种结构，如烟囱、管道支架、对渗水性要求不高的水池等。在交通运输建设方面，砌体结构可用于桥梁工程、隧道工程、地下渠道、涵洞、挡土墙等方面。在水利建设方面，可用石材砌筑坝和渡槽等。

砌体结构是用单块块材和砂浆砌筑而成的，目前大多是手工操作，质量较难保证均匀一致，无筋砌体抗拉强度低、抗裂、抗震性能较差，在应用时应注意有关规范、规程的使用范围，在地震区采用砌体结构，应采取必要的抗震措施。当采用配筋砌体乃至预应力砌体时，砌体结构的尺度可以增大而截面可以减小，同时应用范围还可扩大。

1.1.5 结构抗震的发展

我国是一个多地震国家，历史上曾发生过多次强烈地震，近几十年来更是地震频繁，且在人口稠密的大城市和工业区不断发生。1976 年 7 月 28 日，北京时间凌晨 3 时 42 分，在人口达百余万的工业城市唐山市，发生了里氏 7.8 级的强烈地震。震中位置在市区东南，震源深度约 11km，有明显的地震断裂带贯通全市。市区大部陷入地震烈度高达 11 度的极震区，房屋建筑普遍倒塌及场地破坏（图 1.7、图 1.8），幸存无恙者甚少。震害遍布唐山外围十余县，波及百余公里外的北京、天津等重要城市。死亡 24 万余人，伤残 16 万人之多，灾情之重，为世界地震史上所罕见。

图1.7　房屋毁损

图1.8　场地破坏

　　2008年5月12日14时28分，发生在四川汶川的里氏8.0级特大地震，震源深度14 km左右，震中烈度超12度。此次地震不仅在震中区附近造成灾难性的破坏，而且在四川省和邻近省市大范围造成破坏，震感更是波及全国绝大部分地区乃至国外。5·12汶川大地震，使44万余 km² 土地、4600多万人口遭受灾难袭击。其中，重灾区面积达12.5万余 km²，房屋倒塌778.91万间，损坏2459万间（图1.9～图1.12）。地震造成6.9万多人死亡，1.7万多人失踪，37万多人受伤，这是新中国成立以来破坏力最强、经济损失最大、波及范围最广、救灾难度最大的一次地震灾害。

图1.9　砌体结构毁损

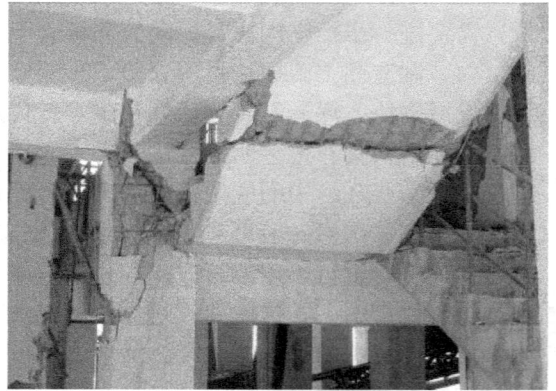

图1.10　房框结构楼梯毁损

图1.11　农房毁损（一）

图1.12　农房毁损（二）

地震不但造成大量房屋倒塌、破坏，还引起山体崩塌、滚石、滑坡、道路破坏、堰塞湖等地质灾害和次生灾害。由此造成大量人员伤亡、财产损失、居民无家可归、学生无法正常上课。

研究解析地震的成因及其内在运动规律，认真总结地震的特点和经验教训，从中积累抗御地震的宝贵经验，减少未来大地震给人类可能造成的损害。地震带给人们灾难的同时，也检验了建筑物的质量和现行设计标准的合理性。

新中国成立 60 多年后，我国总结了历次强震的震害经验，形成了一门新的学科，即"抗震防灾学"。"抗震防灾学"是通过工程技术手段，采取各种防范措施，以尽量减轻地震灾害的科学。《建筑抗震设计规范》GB 50011—2010（本书中以后统称为《抗震规范》）充分吸收了国内外大地震的经验教训，有价值的科学研究成果和工程实践经验，从 1966 年邢台地震以后提出的"基础深一点、墙壁厚一点、屋顶轻一点"的概念，到 1976 年唐山地震以后创造的砖房加"构造柱圈梁"技术，直到今天的"小震不坏，中震可修，大震不倒"的"三水准"抗震设防理论。抗震规范也经历了 1974 年版的《工业与民用建筑抗震设计规范》TJ 11—74（试行），它是我国第一本初级的、反映当时技术和经济水平的低设防水平的规范，仅有一些简单的基本规定；1978 年版的《工业与民用建筑抗震设计规范》TJ 11—78，第一次提出了适用于设防烈度 7～9 度工业与民用建筑的抗震设计要求，但 6 度区仍为非设防区，也未提出"大震不倒"的设防标准；1989 年版的《建筑抗震设计规范》GBJ 11—1989，增加了对 6 度区的抗震设防要求，提出了强度验算和变形验算的两阶段设计要求，增加了砌块房屋、钢结构单层厂房和土、木、石房屋抗震设计内容。2001 年，出版了《建筑抗震设计规范》GB 50011—2001。89 规范和 2001 规范引入了弹塑性分析法和时程分析法抗震计算，提出了"小震不坏、中震可修、大震不倒"的抗震设防目标；现行的 2010 年版的《建筑抗震设计规范》GB 50011—2010，从 2010 年 12 月 1 日开始实施，建筑抗震性能设计方法被明确地编入其中，充实了中国特色的"三水准两阶段"抗震设防理念。

随着社会的发展进步，我国抗震设防标准也在不断完善。《抗震规范》是为实现工程抗震设防目标而制定的工程技术标准。任何一个国家的抗震设计规范都与其当时的工程、材料技术水平和经济发展水平密切相关。《抗震规范》版本的升级，反映了我国工程抗震科学技术与工程实践的发展和进步。

1.2 本课程的要求

1.2.1 本课程的主要内容

本课程属于土建施工类专业基础课，主要介绍的是结构中的三大结构——钢筋混凝土结构、砌体结构和钢结构的抗震基本知识及构造措施，内容包括：地震基本知识、建筑抗震计算原理、砌体结构抗震措施、多层和高层钢筋混凝土结构抗震措施、钢结构抗震措施、非结构构件抗震措施、隔震与消能减震技术等，本课程的教学目的是使学生通过课程学习，能熟知与之相关的基本概念，掌握结构施工图中的抗震设计要求、抗震措施、计算基本步骤等，进而能运用所获得的基本理论知识解决一般工程中的结构问题。通过本课程的学习，为今后的现场从事施工技术打下了坚实的基础。

1.2.2 本课程的特点和学习方法

本课程的特点是内容多、符号多、公式多、构造规定也多，在学习中要注意理解概念，忌死记硬背、生搬硬套，要突出重点、难点的学习，特别要做好复习总结工作。本课程和许多课程关系密切，互相呼应配合，有的需要先行掌握，有的是后续课程，例如：建筑材料课程中有关混凝土和钢材的基本知识，掌握建筑结构、房屋构造课程等基础知识。

因此，学习本课程时必须注意：

（1）正确理解计算公式：本门课程研究的对象不再是各向同性的弹性材料，而是整个结构体，同时还有其他很多因素影响其性能，目前从研究的现状水平而言，有些方面的强度理论还不够完善，在某些情况下，构件承载力和变形的取值还得参照试验资料的统计分析，处于半经验半理论状态，故学习时要正确理解其本质现象并注意计算公式的适用条件。

（2）工程项目的建设是国家的重要工作，必须依照国家颁布的法规进行。设计规范或规程是具有约束力的文件，其目的是使工程结构的设计在符合国家经济政策的条件下，保证设计的质量和工程项目的安全可靠。在施工中要严格按照施工图执行。因此，在学习中，有关基本理论的应用最终都要落实到施工图纸中。

（3）要重视构造要求。《建筑抗震设计规范》GB 50011—2010 等规范根据长期的工程实践经验，总结一些构造措施来考虑这些因素的影响。因此，在学习本课程时，除了对各种计算公式了解和掌握外，对于各种构造措施也必须给予足够的重视。

思 考 题

1. 结构主要有哪几种结构？主要的优缺点是什么？
2. 钢筋和混凝土结合在一起共同工作的基础有哪些？
3. 简述我国建筑抗震的发展历程。
4. 本课程包括哪些内容？它与哪些课程密切相关？
5. 学习本课程时应注意的要点是什么？

第二章　地震基本知识

2.1　地震概念

地震（Earthquake）又称地动、地振动，是地壳快速释放能量过程中造成振动，期间会产生地震波的一种自然现象。地震是我们栖居的星球——地球上的自然现象，它与地球本身的构造，尤其是它的表面结构，密切相关。

地震按其成因可分为诱发地震和天然地震两类。

诱发地震是由于人工爆破、矿山开采、水库储水、深井注水等原因所引发的地震。塌陷地震、爆炸地震、水库地震和油田注水诱发地震属于诱发突变引起的地震。这主要是由于地表或地下岩层较大的地下溶洞或古旧矿坑等突然发生大规模的陷落或崩塌所引起的小范围内的地面震动；或者是由于爆炸、水库蓄水、深井注水等引起的地面震动。一般地，这类地震很少造成破坏，其震级也很小。

天然地震又可以分为火山地震和构造地震。火山地震是由于火山爆发，岩浆猛烈冲击地面时引起地面震动，造成地震，即所谓的火山地震。它相对于前两种构造地震来说，能量和影响都要小很多，火山地震约占发生的地震总数的7%。构造地震是由于地球构造运动产生的，工程上通常讨论的就是这种地震，因为构造地震占发震总数的90%以上，其特点是震源较浅、活动频繁、延续时间长、影响范围广，给人类带来的损失最严重。

构造地震有两种情况：一是由于地壳的缓慢变形，组成全球地壳的六大板块之间发生顶撞、插入等突变，造成地壳的震动，即形成第一种构造地震。这类地震多发生在各板块的边缘或沿海的岛屿。日本和我国的台湾都位于大板块的交界处，所以是多地震的地区。二是由于地球内外层构造的巨大差异，地区之间也有很大差别，板块内部会产生不均匀的应变，往往在地质构造不均匀处或薄弱处发生地层的错动或崩裂，这是另一类构造地震的诱因，一般认为，这是引起地震的主要原因，并且释放的能量影响范围也很广。虽然这类地震发生的概率较小，但有时其强度很大。如1976年的唐山大地震，在几十秒时间内，将一座用了近百年时间才建设起来的工业城市几乎夷为平地。

地球内部发生地震的地方称为震源，震源在地球表面的投影称为震中。地球上某一地点到震中的距离称为震中距，震中附近的地区称为震中区。破坏最为严重的地区称为极震区。震源到震中的垂直距离称为震源深度（图2.1）。

按震源的深浅，地震又可分为浅源地震、中源地震和深源地震。浅源地震的震源深度在60km

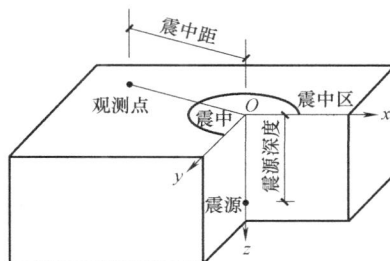

图 2.1　地震术语示意图

以内，约占地震总数的 70%，一年中全世界所有地震释放的能量约 85% 来自浅源地震，浅源地震波及范围较小，破坏程度较大，如 1976 年的唐山地震的震源深度为 12km，2008 年汶川地震的震源深度为 10km。中源地震震源深度在 60～300km 之内，约占地震总数的 25%。深源地震的震源深度在 300km 以上，约占地震总数的 5%。

根据震中距的大小，地震又可分为地方震、近震和远震。震中距在 100km 以内的地震叫地方震；震中距在 100～1000km 之间的地震称近震；震中距大于 1000km 的地震称远震。

2.2 震级和烈度

地震震级是度量地震中震源所释放能量多少的指标，地震学家通常用震级这一名词来衡量地震的大小或规模，它与地震产生破坏力的能量有关。

1935 年，美国地震学家里希特（C. F. Richter）首先提出了震级的概念，采用 Wood—Anderson 式标准地震仪（周期 0.8s，阻尼系数为 0.8，放大倍数 2800 倍）在距离震中 100km 处记录到的以微米为单位的最大水平地面位移 A 的常用对数值来表示震级的大小，即里氏震级，其计算公式如下：

$$M = \lg A \tag{2.1}$$

式中　M——地震震级，通常称为里氏震级；

　　　A——由记录到的地震曲线图上得到的最大振幅（μm）。

地震震级是表征地震大小或强弱的指标，是一次地震释放能量多少的度量，它是地震的基本参数之一。一次地震只有一个震级，震级直接与震源释放的能量的多少有关，可以用式（2.2）表示。

$$\lg E = 11.8 + 1.5M \tag{2.2}$$

式中　E——地震能量（J）。

从公式（2.2）可知震级相差一级，振幅相差 10 倍，能量相差 1.410（约 30 倍）。如上所述，震级与震源处在地震过程中释放的能量有关。就对地面上造成的破坏而言，相同震级的地震，随震源的深度不同将有较大的差别，随着距震中的远近更有明显的差别。地震学家将地面上的破坏程度用烈度来表达。一次地震的震级只有一个，地面上的烈度则是因地而异的，一般都有若干个。

地震烈度是指某一地区地面和各类建筑物遭受一次地震影响的强弱程度。前面已经提到对应于一次地震，表示地震大小的震级只有一个，然而由于同一次地震对不同地点的影响是不一样的，因此烈度也就随震中距离的远近而有差异。一般来说，距震中愈远，地震影响愈小，烈度就愈低；反之，愈靠近震中，烈度就愈高。震中点的烈度称为"震中烈度"。对于浅源地震，震级与震中烈度大致成对应关系，如经验公式（2.3）和表 2.1。

$$M = 0.58I + 1.5 \tag{2.3}$$

震中烈度与震级的大致关系　　　　　　　　　　　　表 2.1

震级（M）	2	3	4	5	6	7	8	8 以上
震中烈度（I）	1～2	3	4～5	6～7	7～8	9～10	11	12

　　既然地震烈度是表示地震影响程度的一个尺度，就需要有一个评定烈度的标准，这个标准称为烈度表。烈度表的内容包括：宏观现象描述（人的感觉、器物反应、建筑物的破坏和地表现象等）和定量指标。表 2.2 为《中国地震烈度表》GB/T 17742—2008，实施时间为 2009 年 3 月 1 日。

中国地震烈度表 表 2.2

地震烈度	人的感觉	房屋震害			其他震害现象	水平向地面运动	
		类型	震害程度	平均震害指数		峰值加速度（m/s²）	峰值速度（m/s）
I	无感	—	—	—	—	—	—
II	室内个别静止中的人有感觉	—	—	—	—	—	—
III	室内少数静止中的人有感觉	—	门、窗轻微作响	—	悬挂物微动	—	—
IV	室内多数人、室外少数人有感觉，少数人梦中惊醒	—	门、窗作响	—	悬挂物明显摆动，器皿作响	—	—
V	室内绝大多数、室外多数人有感觉，多数人梦中惊醒	—	门窗、屋顶、屋架颤动作响，灰土掉落，个别房屋抹灰出现细微细裂缝，个别有檐瓦掉落，个别屋顶烟囱掉砖	—	悬挂物大幅度晃动，不稳定器物摇动或翻倒	0.31（0.22～0.44）	0.03（0.02～0.04）
VI	多数人站立不稳，少数人惊逃户外	A	少数中等破坏，多数轻微破坏和/或基本完好	0.00～0.11	家具和物品移动；河岸和松软土出现裂缝，饱和砂层出现喷砂冒水；个别独立砖烟囱轻度裂缝	0.63（0.45～0.89）	0.06（0.05～0.09）
		B	个别中等破坏，少数轻微破坏，多数基本完好				
		C	个别轻微破坏，大多数基本完好	0.00～0.08			
VII	大多数人惊逃户外，骑自行车的人有感觉，行驶中的汽车驾乘人员有感觉	A	少数毁坏和/或严重破坏，多数中等和/或轻微破坏	0.09～0.31	物体从架子上掉落；河岸出现塌方，饱和砂层常见喷水冒砂，松软土地上地裂缝较多；大多数独立砖烟囱中等破坏	1.25（0.90～1.77）	0.13（0.10～0.18）
		B	少数毁坏，多数严重和/或中等破坏				
		C	个别毁坏，少数严重破坏，多数中等和/或轻微破坏	0.07～0.22			
VIII	多数人摇晃颠簸，行走困难	A	少数毁坏，多数严重和/或中等破坏	0.29～0.51	干硬土上出现裂缝，饱和砂层绝大多数喷砂冒水；大多数独立砖烟囱严重破坏	2.50（1.78～3.53）	0.25（0.19～0.35）
		B	个别毁坏，少数严重破坏，多数中等和/或轻微破坏				
		C	少数严重和/或中等破坏，多数轻微破坏	0.20～0.40			

续表

地震烈度	人的感觉	房屋震害				其他震害现象	水平向地面运动	
		类型	震害程度		平均震害指数		峰值加速度（m/s²）	峰值速度（m/s）
Ⅸ	行动的人摔倒	A	多数严重破坏或/和毁坏		0.49～0.71	干硬土上多处出现裂缝，可见基岩裂缝、错动，滑坡、塌方常见；独立砖烟囱多数倒塌	5.00（3.54～7.07）	0.50（0.36～0.71）
		B	少数毁坏，多数严重和/或中等破坏					
		C	少数毁坏和/或严重破坏，多数中等和/或轻微破坏		0.38～0.60			
Ⅹ	骑自行车的人会摔倒，处于不稳状态的人会摔离原地，有抛起感	A	绝大多数毁坏		0.69～0.91	山崩和地震断裂出现；基岩上拱桥破坏；大多数独立砖烟囱从根部破坏或倒毁	10.00（7.08～14.14）	1.00（0.72～1.41）
		B	大多数毁坏					
		C	多数毁坏和/或严重破坏		0.58～0.80			
Ⅺ	—	A	绝大多数毁坏		0.89～1.00	地震断裂延续很大，大量山崩滑坡	—	—
		B						
		C			0.78～1.00			
Ⅻ	—	A	—		1.00	地面剧烈变化，山河改观	—	—
		B						
		C						

注：表中的数量词："个别"为10%以下；"少数"为10%～45%；"多数"为40%～70%；"大多数"为60%～90%；"绝大多数"为80%以上。

　　下面对该烈度表中各烈度的划分作以说明：评定地震烈度时，Ⅰ～Ⅴ度应以地面上以及底层房屋中的人的感觉和其他震害现象为主；Ⅵ～Ⅹ度应以房屋震害为主，参照其他震害现象，当用房屋震害程度与平均震害指数评定结果不同时，应以震害程度评定结果为主，并综合考虑不同类型房屋的平均震害指数；Ⅺ度和Ⅻ度应综合房屋震害和地表震害现象。以下三种情况的地震烈度评定结果，应作适当调整：当采用高楼上人的感觉和器物反应评定地震烈度时，适当降低评定值；当采用低于或高于Ⅶ度抗震设计房屋的震害程度和平均震害指数评定地震烈度时，适当降低或提高评定值；当采用建筑质量特别差或特别好房屋的震害程度和平均震害指数评定地震烈度时，适当降低或提高评定值。

　　用于评定烈度的房屋，包括以下三种类型：A类：木构架和土、石、砖墙建造的旧式房屋；B类：未经抗震设防的单层或多层砖砌体房屋；C类：按照Ⅶ度抗震设防的单层或多层砖砌体房屋。

　　房屋破坏等级分为基本完好、轻微破坏、中等破坏、严重破坏和毁坏五类，其定义和对应的震害指数 d 如下：

　　基本完好：承重和非承重构件完好，或个别非承重构件轻微损坏，不加修理可继续使用。对应的震害指数范围为 $0.00 \leqslant d < 0.10$。

轻微破坏：个别承重构件出现可见裂缝，非承重构件有明显裂缝，不需要修理或稍加修理即可继续使用。对应的震害指数范围为 $0.10 \leqslant d < 0.30$。

中等破坏：多数承重构件出现轻微裂缝，部分有明显裂缝，个别非承重构件破坏严重，需要一般修理后可继续使用。对应的震害指数范围为 $0.30 \leqslant d < 0.55$。

严重破坏：多数承重构件破坏较严重，非承重构件局部倒塌，房屋修复困难。对应的震害指数范围为 $0.55 \leqslant d < 0.85$。

毁坏：多数承重构件严重破坏，房屋结构濒于崩溃或已倒毁，已无修复可能。对应的震害指数范围为 $0.85 \leqslant d < 1.00$。

各类房屋平均震害指数 D 可按下式计算：

$$D = \sum_{i=1}^{5} d_i \lambda_i \tag{2.4}$$

式中　d_i——房屋破坏等级为 i 的震害指数；

　　　λ_i——破坏等级为 i 的房屋破坏比，用破坏面积与总面积之比或破坏栋数与总栋数之比表示。

2.3　地　震　震　害

地震发生时及发生后，将引起人们有震动的感觉、自然和人工环境的变化，通常称之为地震后的宏观现象（地震影响），常可概括为四类：人们的感觉、人工结构物的损坏、物体的反应和自然界状态的变化。研究这些现象，不仅可以理解地震作用本质，更主要的是防止或减少地震所产生的破坏与人们生命财产的损失。所以，人工结构物的损坏，应该说是最值得研究的宏观现象。通过对它的研究，不仅能定性地理解地震现象，而且可以总结经验教训，为制定和改进抗震设计规范以及制定抗震防灾对策措施提供依据。

1. 地表破坏

强烈的地震常常伴生许多地表破坏现象，其中包括地面沿发震断裂产生错动并造成永久性的移位，强烈的震动造成山体崩塌和滑坡泥石流，严重的还造成堵塞河流，形成地震堰塞湖而使山河改观，如图 2.2、图 2.3 所示。

图 2.2　汶川地震山地地表破坏

图 2.3　汶川地震公路地表破坏

2. 建筑物的典型震害

多层砖房的典型震害为外墙外闪、倾倒，纵、横墙墙面出现 X 裂缝，纵横墙开裂和屋顶坍落等。

多高层钢筋混凝土房屋的典型震害为梁柱节点破坏，柱子上混凝土保护层脱落，钢筋外崩，呈灯笼状，特别是当箍筋的数量不足时这种情况更是常见。钢筋混凝土墙的破坏形态与砖墙差不多，主要差别是裂缝比较分散，缝宽比较窄。

底层空旷（柔性底层）的房屋，包括底部框架砖房和底部框架支承的钢筋混凝土抗震墙和框架抗震墙房屋在历次地震中破坏都很严重。如果多高层房屋中间某一层的强度和刚度比上下层小得比较多时，破坏也会集中在这一层中（图2.4、图2.5）。日本1995年阪神地震中许多房屋的中间层倒塌通常属于这种情况。钢筋混凝土厂房的破坏形态有屋面板掉落，柱顶连接破坏，阶形柱上段破坏折断，导致屋顶坍落。平面和体形不规则的房屋如果处理不适当，地震中的破坏也是比较严重的。在1999年10月17日土耳其7.4级地震中某街道两边的底层柔性商业建筑都倒向街心方向，其原因除底部形成薄弱层外，还与前面的柱和后面的墙刚度相差悬殊，沿纵向产生明显的偏心和扭转作用有关。

图2.4 汶川地震建筑物倒塌

图2.5 框架结构角柱破坏

3. 其他结构和设施的震害

在强烈地震中，城市和区域的基础设施，其中包括道路桥梁、电力通信、给水排水、煤气热力、港口码头、水利设施、航空设施等常常也会遭到破坏，与房屋建筑一样，构筑物、管线和各种设施的受灾破坏程度除了决定于其自身的抗震能力以外，还受到场地地基和周围环境的影响。

2.4 抗震设防目标和标准

在进行建筑抗震设计时，应根据建筑物的重要性不同，根据建筑遭遇地震破坏后，可能造成人员伤亡、直接和间接经济损失、社会影响的程度及其在抗震救灾中的作用等因素，应对各类建筑采用不同的抗震设防标准。我国的建筑抗震设防类别划分，综合分析了下列因素：建筑破坏造成的人员伤亡、直接和间接经济损失及社会影响的大小；城镇的大小、行业的特点、工矿企业的规模；建筑使用功能失效后，对全局的影响范围大小、抗震救灾影响及恢复的难易程度；建筑各区段的重要性有显著不同时，可按区段划分抗震设防类别。下部区段的类别不应低于上部区段；不同行业的相同建筑，当所处地位及地震破坏所产生的后果和影响不同时，其抗震设防类别可不相同。区段指由防震缝分开的结构单元、平面内使用功能不同的部分，或上下使用功能不同的部分。

根据《抗震规范》及《建筑工程抗震设防分类标准》GB 50223—2008（以下简称

《抗震设防标准》），新的抗震设防标准分为四类，建筑工程也应分为以下四个抗震设防类别：

（1）特殊设防类：指使用上有特殊设施，涉及国家公共安全的重大建筑工程和地震时可能发生严重次生灾害等特别重大灾害后果，需要进行特殊设防的建筑。简称甲类。

（2）重点设防类：指地震时使用功能不能中断或需尽快恢复的生命线相关建筑，以及地震时可能导致大量人员伤亡等重大灾害后果，需要提高设防标准的建筑。简称乙类。

（3）标准设防类：指大量的除（1）、（2）、（4）款以外按标准要求进行设防的建筑。简称丙类。

（4）适度设防类：指使用上人员稀少且震损不致产生次生灾害，允许在一定条件下适度降低要求的建筑。简称丁类。

抗震设防标准是衡量抗震设防要求高低的尺度，由抗震设防烈度或设计地震动参数及建筑抗震设防类别确定。各抗震设防类别建筑的抗震设防标准，应符合下列要求：

（1）标准设防类，应按本地区抗震设防烈度确定其抗震措施和地震作用，达到在遭遇高于当地抗震设防烈度的预估罕遇地震影响时不致倒塌或发生危及生命安全的严重破坏的抗震设防目标。

（2）重点设防类，应按高于本地区抗震设防烈度1度的要求加强其抗震措施；但抗震设防烈度为9度时应按比9度更高的要求采取抗震措施；地基基础的抗震措施，应符合有关规定。同时，应按本地区抗震设防烈度确定其地震作用。

（3）特殊设防类，应按高于本地区抗震设防烈度提高1度的要求加强其抗震措施；但抗震设防烈度为9度时应按比9度更高的要求采取抗震措施。同时，应按批准的地震安全性评价的结果且高于本地区抗震设防烈度的要求确定其地震作用。

（4）适度设防类，允许比本地区抗震设防烈度的要求适当降低其抗震措施，但抗震设防烈度为6度时不应降低。一般情况下，仍应按本地区抗震设防烈度确定其地震作用。

对于划为重点设防类而规模很小的工业建筑，当改用抗震性能较好的材料且符合抗震设计规范对结构体系的要求时，允许按标准设防类设防。

抗震设防烈度是按国家规定的权限批准作为一个地区抗震设防依据的地震烈度。一般情况下，取50年内超越概率10%的地震烈度。抗震设防烈度为6度时，除本规范有具体规定外，对乙、丙、丁类的建筑可不进行地震作用计算。

地震基本烈度的确定考虑了地震烈度衰减规律和震中距等影响的概率因素，它确定的是基本烈度在地域上的分布。但是对于某一个地区，并不是每次地震都是按基本烈度发生的，也存在一个概率分布的问题。

根据对45个城镇地震危险性的分析，地震烈度的概率分布符合概率论中的极值Ⅲ型，其分布函数为：

$$F_{\mathbb{II}}(I) = \exp[-(\omega - I)^k / (w - I_m)] \tag{2.5}$$

式中　　w——烈度上限值；

　　　I——烈度；

　　I_m——众值烈度（亦称为多遇地震烈度）；

　　k——形状系数（以50年中超越概率为10%的地震动强度作为设计标准而确定）。

图2.6示意了地震烈度的概率分布。峰值点对应的是众值烈度 I_m，50年内超越概率

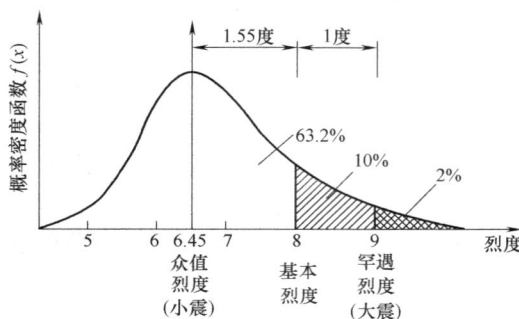

图 2.6 地震烈度的概率分布

（众值烈度 I_m 以右的空白面积与总面积之比）约为 63.2％；比 I_m 高 1.55 度左右为基本烈度，其 50 年内超越概率为 10％；再高 1 度左右为罕遇烈度，其 50 年内超越概率为 2％～3％。

工程结构抗震设防的基本目的就是在一定的经济条件下，最大限度地限制和减轻工程结构的地震破坏，避免人员伤亡，减少经济损失。为了实现这一目的，近年来许多国家和地区的抗震设计规范采用了"小震不坏、中震可修、大震不倒"作为工程结构抗震设计的基本准则。为了实现这一设计准则，我国《抗震规范》明确提出了三个水准的抗震设防要求：第一水准：当遭受低于本地区设防烈度的多遇地震影响时，建筑物一般不受损害或不需修理仍可继续使用。第二水准：当遭受相当于本地区设防烈度的地震影响时，建筑物可能损坏，但经一般修理即可恢复正常使用。第三水准：当遭受高于本地区设防烈度的罕遇地震影响时，建筑不致倒塌或发生危及生命安全的严重破坏。

在进行建筑抗震设计时，要满足上述三个水准的抗震设防要求。目前，我国通过简化的两阶段设计方法来实现。

第一阶段设计：采用第一水准烈度的地震动参数，计算出结构在弹性状态下的地震作用效应，与风、重力等荷载效应组合，并引入承载力抗震调整系数，进行构件截面设计，从而满足第一水准的强度要求；同时，采用同一地震动参数计算出结构的弹性层间位移角，使其不超过规定的限值；另外，采用相应的抗震结构措施，保证结构具有相应的延性、变形能力和塑性耗能能力，从而自动满足第二水准的变形要求。

第二阶段设计：采用第三水准烈度的地震动参数，计算出结构的弹塑性层间位移角，满足规定的要求，并采取必要的抗震构造措施，从而满足第三水准的防倒塌要求。

地震经验表明，在宏观烈度相似的情况下，处在大震级、远震中距下的柔性建筑，其震害要比中、小震级近震中距的情况重得多。理论分析也发现，震中距不同时地震频谱特性并不相同。抗震设计时，对同样场地条件、同样烈度的地震，按震源机制、震级大小和震中距远近区别对待是必要的，为更好地体现震级和震中距的影响，建筑工程的设计地震分为三组，见《建筑抗震设计规范》GB 50011—2010 附录。建筑所在地区遭受的地震影响，应采用相应于抗震设防烈度的设计基本地震加速度和特征周期表征。抗震设防烈度和设计基本地震加速度取值的对应关系，应符合表 2.3 的规定。设计基本地震加速度为 0.15g 和 0.30g 地区内的建筑，除本规范另有规定外，应分别按抗震设防烈度 7 度和 8 度的要求进行抗震设计。

抗震设防烈度和设计基本加速度值的对应关系　　　　表 2.3

抗震设防烈度	6	7	8	9
设计基本地震加速度值	0.05g	0.10(0.15)g	0.20(0.30)g	0.40g

注：g 为重力加速度。

地震影响的特征周期应根据建筑所在地的设计地震分组和场地类别确定。我国主要城镇（县级及县级以上城镇）中心地区的抗震设防烈度、设计基本地震加速度值和所属的设计地震分组，可按《建筑抗震设计规范》GB 50011—2010 采用（表 2.4）。

确定结构抗震措施时的设防标准　　　　　　　　表 2.4

所在地区的设防烈度		6(0.05g)		7(0.10g)		7(0.15g)			8(0.20g)		8(0.30g)			9(0.40g)	
场地类别		I	II III IV	I	II III IV	I	II	III IV	I	II III IV	I	II	III IV	I	II III IV
抗震构造措施	甲、乙类建筑	6	7	7	8	8	8	8*	8	9	8	9	9*	9	9*
	丙类建筑	6	6	6	7	6	7	8	7	8	7	8	9	8	9
	丁类建筑	6	6	6	7	6	7	8—	7	8—	7	8—	9—	8	9—
除抗震构造措施以外的其他抗震措施	甲、乙类建筑	7	7	8	8	8	8	8	9	9	9	9	9	9*	9*
	丙类建筑	6	6	7	7	7	7	7	8	8	8	8	8	9	9
	丁类建筑	6	6	7—	7—	7—	7—	7—	8—	8—	8—	8—	8—	9—	9—

"抗震措施"是除了地震作用计算和构件抗力计算以外的抗震设计内容，包括建筑总体布置、结构选型、地基抗液化措施、考虑概念设计对地震作用效应（内力和变形等）的调整，以及各种抗震构造措施。"抗震构造措施"是指根据抗震概念设计的原则，一般不需计算而对结构和非结构各部分必须采取的原则，一般不需计算而对结构和非结构各部分必须采取的各种细部构造，如构件尺寸、高厚比、轴压比、长细比、纵筋配筋率、箍筋配箍率、钢筋直径、间距等构造和连接要求等。8*、9* 表示比 8、9 度适当提高而不是提高 1 度的抗震措施。甲、乙类建筑及Ⅲ、Ⅳ类场地且设计烈度为 0.15g 和 0.3g 的丙类建筑按表 2.4 确定抗震措施时，如果房屋高度超过对应的房屋最大适用高度，则应采取比对应抗震等级更有效的抗震构造措施。7—，8—，9—表示比 7、8、9 度适当降低一些的抗震措施。

2.5　抗震概念设计

当建筑结构采用抗震性能化设计时，应根据其抗震设防类别、设防烈度、场地条件、结构类型和不规则性，建筑使用功能和附属设施功能的要求、投资大小、震后损失和修复难易程度等，对选定的抗震性能控制目标提出技术和经济可行性综合分析和论证。

建筑的抗震性能化设计立足于承载力和变形能力的综合考虑，可以使抗震设计从宏观定性目标具体量化。针对具体工程的需要和可能，可以对整个结构，也可以对某些部位或关键构件，灵活运用各种措施达到预期的性能目标，着重提高抗震安全性或满足使用功能的专门要求。例如，可以根据楼梯间作为"抗震安全岛"的要求，提出确保大震下能具有安全避难通道的具体目标和性能要求；可以针对特别不规则、复杂建筑结构的具体情况，对抗侧力结构的水平构件和竖向构件提出相应的性能目标，提高其整体或关键部位的抗震安全性；也可针对水平转换构件，为确保大震下自身及相关构件的安全而提出大震下的性能目标。

1. 场地与地基

选择建筑场地时，应根据工程需要和地震活动情况、工程地质和地震地质的有关资料，对抗震有利、一般、不利和危险地段作出综合评价。对不利地段，应提出避开要求；当无法避开时应采取有效的措施。对危险地段，严禁建造甲、乙类的建筑，不应建造丙类的建筑。

建筑场地为Ⅰ类时，对甲、乙类的建筑应允许仍按本地区抗震设防烈度的要求采取抗震构造措施；对丙类的建筑应允许按本地区抗震设防烈度降低1度的要求采取抗震构造措施，但抗震设防烈度为6度时仍应按本地区抗震设防烈度的要求采取抗震构造措施。

建筑场地为Ⅲ、Ⅳ类时，对设计基本地震加速度为 $0.15g$ 和 $0.30g$ 的地区，除本规范另有规定外，宜分别按抗震设防烈度 8 度（$0.20g$）和 9 度（$0.40g$）时各抗震设防类别建筑的要求采取抗震构造措施，见表 2.4。

地基和基础设计应符合，同一结构单元的基础不宜设置在性质截然不同的地基上。同一结构单元不宜部分采用天然地基部分采用桩基；当采用不同基础类型或基础埋深显著不同时，应根据地震时两部分地基基础的沉降差异，在基础、上部结构的相关部位采取相应措施。地基为软弱黏性土、液化土、新近填土或严重不均匀土时，应根据地震时地基不均匀沉降和其他不利影响，采取相应的措施。

山区建筑的场地和地基基础应符合，山区建筑场地勘察应有边坡稳定性评价和防治方案建议；应根据地质、地形条件和使用要求，因地制宜设置符合抗震设防要求的边坡工程。边坡设计应符合现行国家标准《建筑边坡工程技术规范》GB 50330 的要求；其稳定性验算时，有关的摩擦角应按设防烈度的高低相应修正。边坡附近的建筑基础应进行抗震稳定性设计。建筑基础与土质、强风化岩质边坡的边缘应留有足够的距离，其值应根据设防烈度的高低确定，并采取措施避免地震时地基基础破坏。

2. 建筑形体及其构件布置的规则

建筑设计应根据抗震概念设计的要求明确建筑形体的规则性。不规则的建筑应按规定采取加强措施；特别不规则的建筑应进行专门研究和论证，采取特别的加强措施；严重不规则的建筑不应采用。形体指建筑平面形状和立面、竖向剖面的变化。

建筑设计应重视其平面、立面和竖向剖面的规则性对抗震性能及经济合理性的影响，宜择优选用规则的形体，其抗侧力构件的平面布置宜规则对称、侧向刚度沿竖向宜均匀变化、竖向抗侧力构件的截面尺寸和材料强度宜自下而上逐渐减小、避免侧向刚度和承载力突变。

建筑形体及其构件布置的平面、竖向不规则性，应按下列要求划分：混凝土房屋、钢结构房屋和钢筋—混凝土混合结构房屋存在表 2.5 所列举的某项平面不规则类型或表 2.6 所列举的某项竖向不规则类型以及类似的不规则类型的，应属于不规则的建筑。

建筑形体及其构件布置不规则时，应按下列要求进行地震作用计算和内力调整，并应对薄弱部位采取有效的抗震构造措施：平面不规则而竖向规则的建筑，应采用空间结构计算模型，扭转不规则时，应计入扭转影响，且楼层竖向构件最大的弹性水平位移和层间位移分别不宜大于楼层两端弹性水平位移和层间位移平均值的 1.5 倍，当最大层间位移远小

平面不规则的主要类型   表 2.5

不规则类型	定义和参考指标
扭转不规则	在规定的水平力作用下,楼层的最大弹性水平位移或(层间位移),大于该楼层两端弹性水平位移(或层间位移)平均值的 1.2 倍
凹凸不规则	平面凹进的尺寸,大于相应投影方向总尺寸的 30%
楼板局部不连续	楼板的尺寸和平面刚度急剧变化,例如,有效楼板宽度小于该层楼板典型宽度的 50%,或开洞面积大于该层楼面面积的 30%,或较大的楼层错层

竖向不规则的主要类型   表 2.6

不规则类型	定义和参考指标
侧向刚度不规则	该层的侧向刚度小于相邻上一层的 70%,或小于其上相邻三个楼层侧向刚度平均值的 80%;除顶层或出屋面小建筑外,局部收进的水平向尺寸大于相邻下一层的 25%
竖向抗侧力构件不连续	竖向抗侧力构件(柱、抗震墙、抗震支撑)的内力由水平转换构件(梁、桁架等)向下传递
楼层承载力突变	抗侧力结构的层间受剪承载力小于相邻上一楼层的 80%

于规范限值时,可适当放宽;凹凸不规则或楼板局部不连续时,应采用符合楼板平面内实际刚度变化的计算模型;高烈度或不规则程度较大时,宜计入楼板局部变形的影响;平面不对称且凹凸不规则或局部不连续,可根据实际情况分块计算扭转位移比,对扭转较大的部位应采用局部的内力增大系数。平面规则而竖向不规则的建筑,应采用空间结构计算模型,刚度小的楼层的地震剪力应乘以不小于 1.15 的增大系数,其薄弱层应按本规范有关规定进行弹塑性变形分析,并应符合下列要求:竖向抗侧力构件不连续时,该构件传递给水平转换构件的地震内力应根据烈度高低和水平转换构件的类型、受力情况、几何尺寸等,乘以 1.25~2.0 的增大系数;侧向刚度不规则时,相邻层的侧向刚度比应依据其结构类型符合本规范相关章节的规定;楼层承载力突变时,薄弱层抗侧力结构的受剪承载力不应小于相邻上一楼层的 65%。

体形复杂、平立面不规则的建筑,应根据不规则程度、地基基础条件和技术经济等因素的比较分析,确定是否设置防震缝,并分别符合下列要求:当不设置防震缝时,应采用符合实际的计算模型,分析判明其应力集中、变形集中或地震扭转效应等导致的易损部位,采取相应的加强措施。当在适当部位设置防震缝时,宜形成多个较规则的抗侧力结构单元。防震缝应根据抗震设防烈度、结构材料种类、结构类型、结构单元的高度和高差以及可能的地震扭转效应的情况,留有足够的宽度,其两侧的上部结构应完全分开。当设置伸缩缝和沉降缝时,其宽度应符合防震缝的要求。

3. 结构体系

结构体系应根据建筑的抗震设防类别、抗震设防烈度、建筑高度、场地条件、地基、结构材料和施工等因素,经技术、经济和使用条件综合比较确定。

结构体系应具有明确的计算简图和合理的地震作用传递途径。应避免因部分结构或构件破坏而导致整个结构丧失抗震能力或对重力荷载的承载能力。应具备必要的抗震承载力,良好的变形能力和消耗地震能量的能力。对可能出现的薄弱部位,应采取措施提高其抗震能力。

结构体系宜有多道抗震防线。宜具有合理的刚度和承载力分布，避免因局部削弱或突变形成薄弱部位，产生过大的应力集中或塑性变形集中。结构在两个主轴方向的动力特性宜相近。

砌体结构应按规定设置钢筋混凝土圈梁和构造柱、芯柱，或采用约束砌体、配筋砌体等。混凝土结构构件应控制截面尺寸和受力钢筋、箍筋的设置，防止剪切破坏先于弯曲破坏、混凝土的压溃先于钢筋的屈服、钢筋的锚固粘结破坏先于钢筋破坏。预应力混凝土的构件，应配有足够的非预应力钢筋。钢结构构件的尺寸应合理控制，避免局部失稳或整个构件失稳。多、高层的混凝土楼、屋盖宜优先采用现浇混凝土板。当采用预制装配式混凝土楼、屋盖时，应从楼盖体系和构造上采取措施确保各预制板之间连接的整体性。

结构各构件之间的连接，构件节点的破坏，不应先于其连接的构件。预埋件的锚固破坏，不应先于连接件。装配式结构构件的连接，应能保证结构的整体性。预应力混凝土构件的预应力钢筋，宜在节点核心区以外锚固。装配式单层厂房的各种抗震支撑系统，应保证地震时厂房的整体性和稳定性。

4. 结构分析

建筑结构应进行多遇地震作用下的内力和变形分析，此时，可假定结构与构件处于弹性工作状态，内力和变形分析可采用线性静力方法或线性动力方法。不规则且具有明显薄弱部位可能导致重大地震破坏的建筑结构，应按规范有关规定进行罕遇地震作用下的弹塑性变形分析。此时，可根据结构特点采用静力弹塑性分析或弹塑性时程分析方法。

当结构在地震作用下的重力附加弯矩大于初始弯矩的10%时，应计入重力二阶效应的影响。重力附加弯矩指任意一楼层以上全部重力荷载与该楼层地震平均层间位移的乘积；初始弯矩指该楼层地震剪力与楼层层高的乘积。

结构抗震分析时，应按照楼、屋盖的平面形状和平面内变形情况确定为刚性、分块刚性、半刚性、局部弹性和柔性等的横隔板，再按抗侧力系统的布置确定抗侧力构件间的共同工作并进行各构件间的地震内力分析。质量和侧向刚度分布接近对称且楼、屋盖可视为刚性横隔板的结构，其他情况，应采用空间结构模型进行抗震分析。

利用计算机进行结构抗震分析时计算模型的建立、必要的简化计算与处理，应符合结构的实际工作状况，计算中应考虑楼梯构件的影响。计算软件的技术条件应符合规范及有关标准的规定，并应阐明其特殊处理的内容和依据。复杂结构在多遇地震作用下的内力和变形分析时，应采用不少于两个合适的不同力学模型，并对其计算结果进行分析比较。所有计算机计算结果，应经分析判断确认其合理、有效后方可用于工程设计。

5. 非结构构件

非结构构件，包括建筑非结构构件和建筑附属机电设备，自身及其与结构主体的连接，应进行抗震设计。非结构构件的抗震设计，应由相关专业人员分别负责进行。附着于楼、屋面结构上的非结构构件，以及楼梯间的非承重墙体，应与主体结构有可靠的连接或锚固，避免地震时倒塌伤人或砸坏重要设备。框架结构的围护墙和隔墙，应估计其设置对结构抗震的不利影响，避免不合理设置而导致主体结构的破坏。幕墙、装饰贴面与主体结构应有可靠连接，避免地震时脱落伤人。安装在建筑上的附属机械、电气设备系统的支座和连接，应符合地震时使用功能的要求，且不应导致相关部件的损坏。

6. 隔震与消能减震设计

隔震与消能减震设计，可用于对抗震安全性和使用功能有较高要求或专门要求的建筑。采用隔震或消能减震设计的建筑，当遭遇到本地区的多遇地震影响、设防地震影响和罕遇地震影响时，可按高于《建筑抗震设计规范》GB 50011—2010 的基本设防目标进行设计。

7. 结构材料与施工

抗震结构对材料和施工质量的特别要求，应在设计文件上注明。结构材料性能指标，应符合下列最低要求：

砌体结构材料应符合下列规定：普通砖和多孔砖的强度等级不应低于 MU10，其砌筑砂浆强度等级不应低于 M5；混凝土小型空心砌块的强度等级不应低于 MU7.5，其砌筑砂浆强度等级不应低于 Mb7.5。

混凝土结构材料应符合下列规定：混凝土的强度等级，框支梁、框支柱及抗震等级为一级的框架梁、柱、节点核芯区，不应低于 C30；构造柱、芯柱、圈梁及其他各类构件不应低于 C20；抗震等级为一、二、三级的框架和斜撑构件（含梯段），其纵向受力钢筋采用普通钢筋时，钢筋的抗拉强度实测值与屈服强度实测值的比值不应小于 1.25；钢筋的屈服强度实测值与屈服强度标准值的比值不应大于 1.3，且钢筋在最大拉力下的总伸长率实测值不应小于 9%。

钢结构的钢材应符合下列规定：钢材的屈服强度实测值与抗拉强度实测值的比值不应大于 0.85；钢材应有明显的屈服台阶，且伸长率不应小于 20%；钢材应有良好的焊接性和合格的冲击韧性。

结构材料性能指标，尚宜符合下列要求：普通钢筋宜优先采用延性、韧性和焊接性较好的钢筋；普通钢筋的强度等级，纵向受力钢筋宜选用符合抗震性能指标的不低于 HRB400 级的热轧钢筋，也可采用符合抗震性能指标的 HRB335 级热轧钢筋；箍筋宜选用符合抗震性能指标的不低于 HRB335 级的热轧钢筋，也可选用 HPB300 级的热轧钢筋。

8. 建筑抗震性能化设计

当建筑结构采用抗震性能化设计时，应根据其抗震设防类别、设防烈度、场地条件、结构类型和不规则性，建筑使用功能和附属设施功能的要求、投资大小、震后损失和修复难易程度等，对选定的抗震性能目标提出技术和经济可行性综合分析和论证。

建筑结构的抗震性能化设计，应根据实际需要和可能，具有针对性：可分别选定针对整个结构、结构的局部部位或关键部位、结构的关键部件、重要构件、次要构件以及建筑构件和机电设备支座的性能目标。

思 考 题

1. 地震的定义，地震的类型。
2. 地震的震级与烈度差异。
3. "三水准两阶段"含义。
4. 结构概念设计要点。

第三章 建筑抗震计算原理

地震作用是很复杂的，地震作用不是直接作用在结构上的荷载，而是地面运动引起结构的惯性力；地震的地面运动，不仅有两个水平方向的运动分量，而且还有竖向分量以及转动分量；地震作用的发生和强度又具有很大的不确定性。因此，地震作用计算特别是建筑结构抗震设计的计算，应在符合结构地震反应特点和规律的基础上给予尽量的简化。由于结构类型和体形简单与复杂的差异等，所以在地震作用计算中又可分为简化方法和较为复杂的精细方法。与各类型结构相适应的地震作用分析方法如图 3.1 所示。

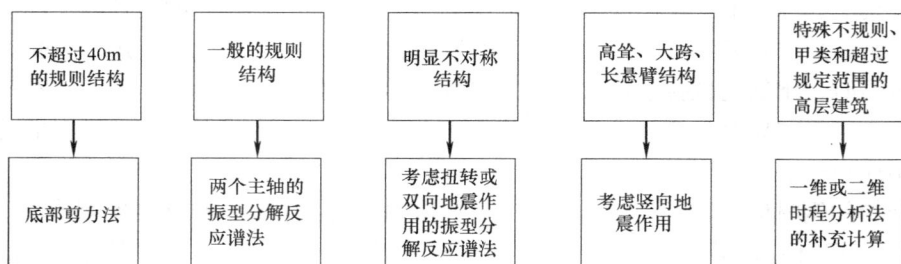

不超过40m的规则结构	一般的规则结构	明显不对称结构	高耸、大跨、长悬臂结构	特殊不规则、甲类和超过规定范围的高层建筑
↓	↓	↓	↓	↓
底部剪力法	两个主轴的振型分解反应谱法	考虑扭转或双向地震作用的振型分解反应谱法	考虑竖向地震作用	一维或二维时程分析法的补充计算

图 3.1 与各类结构相适应的地震作用分析方法

3.1 结构自振周期的近似方法

估计建筑结构自振周期的方法大体有以下三种：①矩阵位移法求特征问题，由计算机程序完成；②能量法等近似的公式；③实测基础上加以统计分析得到经验公式。前两种方法的计算结果与所采取的结构计算简图有关，往往要乘以周期的经验修正系数；后一方法则受到实测条件的限制，比较粗略。

3.1.1 基本自振周期近似计算

基本自振周期即第一自振周期，有多种近似方法来计算。

1. 等效单质点方法

对大部分质量集中于某一高度的建筑结构，如等高单层厂房、水塔等，其自振周期 T_1 可近似按单质点计算，取

$$T_1 = 2\pi \sqrt{m/K} \tag{3.1}$$

式中　m——集中质量，通常包括支承结构的折算质量，单层厂房可将等截面柱和围护墙的 1/4 集中到截面处，阶形柱可取 1/5 集中到截面处，一般水塔也可将支柱和支承结构的 1/4 集中到水箱（水柜）处；

　　　　K——支承结构的侧移刚度。

2. 能量法

对多层结构，只要容易计算出水平力作用下各集中质点处的侧移，则可用能量法计算结构的基本自振周期 T_1：

$$T_1 = 2\psi_T \sqrt{\sum_{i=1}^{n} G_i u_i^2 / \sum_{i=1}^{n} G_i u_i} \tag{3.2}$$

$$u_i = u_{i-1} + \sum_{i=1}^{n} G_i / K_i \tag{3.3}$$

式中　G_i——集中于层的集中重力荷载代表值，包括构件、配件自重和地震时各有关重力荷载的组合值（kN）；

　　　u_i——各层作用有相当于集中荷载代表值的水平力时，i 层的侧移（m）；

　　　K_i——i 层的侧移刚度（kN/m），视结构的变形特点，可考虑剪切变形、弯曲变形或同时考虑剪切和弯曲变形；

　　　ψ_T——周期折减系数，根据刚度计算中非结构构件影响的实际情况和所考虑的方法适当选取。

3. 顶点位移法

对于顶点位移容易估算的建筑结构，例如可视为悬臂杆的结构，可直接由顶点位移 u_n（m）来估计基本自振周期：

剪切变形为主，　　　　　$T_1 = 1.8\psi_T \sqrt{u_n} \tag{3.4}$

$$u_n = \mu q H^2 / 2GA_{eq} \tag{3.5}$$

弯曲变形为主，　　　　　$T_1 = 1.7\psi_T \sqrt{u_n} \tag{3.6}$

$$u_n = \mu q H^4 / 8EI_{eq} \tag{3.7}$$

式中　H——总高度（m）；

　　　q——单位高度上的重力荷载代表值（N）；

　　EI_{eq}——折算的等截面杆的抗弯刚度 N·m²；

　GA_{eq}——折算的等截面杆的抗剪刚度 Pa/m；

　　　μ——等截面杆的截面形状系数。

为弯剪型时结构须把弯曲变形的侧剪切变形的侧移相加。沿高度有变化时，折算的等截面杆的抗弯刚度和抗剪刚度可按高度加权平均。因而，当平立面沿高度变化甚大时，此法并不适用。

对于多排洞墙体，考虑开洞影响时，连续化的抗弯刚度可用下列公式近似估算：

（1）墙面开洞率小于 0.15 且孔洞间净距大于孔洞宽度时，等效截面惯性矩 I_{eq} 可按整体截面墙取各墙肢组合截面惯性矩，等效截面面积 A_{eq} 取

$$A_{eq} = (1 - 1.25 \sqrt{A_{0p}/A_t})A \tag{3.8}$$

式中　A——毛截面面积 m²；

　　A_{0q}——开洞墙面面积 m²；

　　　A_t——墙面总面积 m²。

（2）小开口墙，等效截面惯性矩 I_{eq} 可取各墙肢组合截面惯性矩的 80%，等效截面面

积 A_{eq} 可取各墙肢截面面积之 A_i 之和。

$$A_{eq} = \sum A_i \tag{3.9}$$

（3）联肢墙的等效截面面积 A_{eq} 仍按式（3.9）计算，等效截面惯性 I_{eq} 矩按下列公式计算：

$$I_{eq} = \sum I_i + 2\sum S_i a_i \tag{3.10}$$

$$S_i = 2a_i A_i A_{i+1}/(A_i + A_{i+1}) \tag{3.11}$$

式中 A_i、A_{i+1}——i、$i+1$ 墙肢的截面面积 m^2；

I_i——i 墙肢的截面惯性矩 m^4；

a_i——相邻墙肢重心线的间距 m。

4. 周期折减系数

在能量法和顶点位移法计算结构基本周期时均引入了周期折减系数 ψ_T，对于钢筋混凝土抗震墙结构通常取为 1.0；对于多层钢筋混凝土框架结构，则与填充墙的数量、填充墙的长度、填充墙是否开洞等因素有关。通过大量的算例和工程分析，给出了以一片填充墙的长度和数量以及填充墙有无开洞为参数的简化估计多层钢筋混凝土框架周期折减系数 ψ_T 的方法，具体见表 3.1 和表 3.2。对于填充墙为轻质墙、外墙为挂板时 ψ_T 可取 0.8～0.9。

一片 6m 左右填充墙的道数与框架总榀数比 ψ_C 对应的 ψ_T 表 3.1

ψ_C		0.8～1.0	0.7～0.6	0.5～0.4	0.3～0.2
ψ_T	无洞	0.5	0.55	0.60	0.70
	有门窗洞	0.65	0.70	0.75	0.85

一片 5m 左右填充墙的道数与框架总榀数比 ψ_C 对应的 ψ_T 表 3.2

ψ_C		0.8～1.0	0.7～0.6	0.5～0.4	0.3～0.2
ψ_T	无洞	0.55	0.60	0.65	0.75
	有门窗洞	0.70	0.75	0.80	0.90

3.1.2 自振周期的经验公式

自振周期的经验公式是根据实测统计，在脉动或激振下，忽略了填充墙布置、质量分布差异等，在初步设计时，可按下列公式估算：

（1）高度低于 25m 且有较多的填充墙框架办公楼、旅馆的基本周期

$$T_1 = 0.22 + 0.35H/\sqrt[3]{B} \tag{3.12}$$

（2）高度低于 50m 的框架—抗震墙结构的基本周期

$$T_1 = 0.33 + 0.00069H^2/\sqrt[3]{B} \tag{3.13}$$

（3）高度低于 50m 的规则钢筋混凝土抗震墙结构的基本周期

$$T_1 = 0.04 + 0.038H/\sqrt[3]{B} \tag{3.14}$$

（4）高度低于 35m 的化工煤炭工业系统框架厂房的基本周期

$$T_1 = 0.29 + 0.0015H^{2.5}/\sqrt[3]{B} \tag{3.15}$$

式（3.12）～式（3.15）中，H 为房屋的总高度，当房屋为不等高时，取平均高度，B 为所考虑方向房屋总宽度。这些公式均比脉动实测平均值增大 1.2～1.5 倍，以反映地震

时与脉动测量的差异。

在基于脉动实测的基础上，再忽略房屋宽度和层高的影响等，可给出下列更粗略的估算方式：

(1) 钢筋混凝土框架结构，$T_1=(0.08\sim0.10)N$；

(2) 钢筋混凝土框架—剪力墙或钢筋混凝土框架—筒体结构，$T_1=(0.06\sim0.08)N$；

(3) 钢筋混凝土剪力墙结构或筒中筒结构，$T_1=(0.04\sim0.05)N$；

(4) 钢筋—钢筋混凝土混合结构，$T_1=(0.06\sim0.08)N$；

(5) 高层钢结构，$T_1=(0.08\sim0.12)N$。

式中　N——结构总层数。

3.2　水平地震作用计算的反应谱方法

地震反应谱是现阶段计算地震作用的基础，即通过反应谱把随时程变化的地震作用转化为最大的等效侧向力。地震反应谱是给定的地震加速度作用期间内，单质点体系弹性最大反应随质点自振周期变化的曲线。

按照反应谱理论，单质点体系所受到的最大地震作用 F 为

$$F=m(\ddot{x}_g+\ddot{x})_{max}=mS_a \tag{3.16}$$

同时，作用于单质点系的最大剪力 V 为

$$V=Kx_{max}=KS_d \tag{3.17}$$

式中　S_a——加速度反应谱；

　　　S_d——位移反应谱；

　　　K——单质点体系的刚度；

　　　m——单质点体系的质量（kg）。

由于加速度反应谱与位移反应谱之间的关系是

$$S_a=\omega^2 S_d=\frac{K}{m}S_d \tag{3.18}$$

将式（3.17）代入式（3.18），可得到

$$F=mS_a=KS_d \tag{3.19}$$

这就意味着，单质点体系由反应谱算得的地震作用 F 等于其底部最大剪力 V。

上述关系对于多质点体系只是个近似。然而，这给结构抗震分析带来了极大的简化——结构所受的水平地震作用可以转换为等效的侧向力；相应地，结构在地震作用下的作用效应分析也就转换为等效侧向力下的作用效应分析；因而，只要解决了等效侧向力的计算，则地震作用效应的分析可以采用静力学的方法来解决。

取同样场地条件下的许多加速度记录，并取阻尼比 $\zeta=0.05$，得到相应于该阻尼比的加速度反应谱，除以每一条加速度记录的最大加速度，进行统计分析取综合平均并结合经验判断给予平滑化得到"标准反应谱"，将标准反应谱乘以地震系数（相当于7、8、9度烈度峰值加速度与重力加速度的比值），即为规范采用的地震影响系数，或称为抗震设计反应谱。

抗震设计中的反应谱，它包括地震动强度（地面运动峰值加速度）和频谱特性的影响。前者影响谱坐标的绝对值，后者影响谱形状。强震地面运动的谱特性决定于许多因素，如震

源机制、传播途径特征，地震波的反射、散射和聚焦以及局部地质和土质条件等。

3.3　底部剪力法

底部剪力法是常用的简化方法。此法的基本思路是：结构的剪力等于其总水平地震作用，由反应谱得到，而地震作用沿高度的分布则根据近似的结构侧移假定得到。

3.3.1　适用范围

底部剪力法适用于一般的多层砖房砌体结构、内框架和底部框架—抗震墙砖房、单层空旷房屋、单层工业厂房及多层框架结构等于低于 40m 以剪切变形为主的规则房屋。

这里"以剪切变形为主"表示，在结构侧移曲线中，楼盖出平面转动产生的侧移所占的比例较小。这里的"规则"是一种抗震设计的概念，是"简单、对称"概念的发展。它包含了对建筑平、立面外形尺寸，抗侧力构件、质量、刚度直至屈服强度沿高度和沿水平方向分布相对均匀、合理的综合要求。

（1）出屋面小建筑的尺寸不宜过大（宽度 b）大于高度 h 且出屋面与总高 H 之比满足 $h < 1/5H$，局部缩进的尺寸也不大（缩进后宽度 B_1 与总宽度 B 之比满足 $B_1/B \geqslant 3/4 \sim 5/6$），参见图 3.2。由于不同材料和不同结构形式，对局部突变的适应能力不同，尺寸限制的幅度也有宽严之分。

（2）砖抗震墙、钢筋混凝土抗震墙等抗侧力构件要上、下层连续布置，不发生错位，且横截面面积沿高度的改变要缓慢。

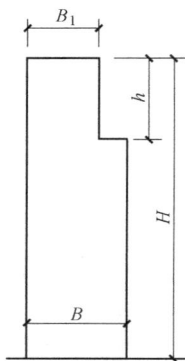

图 3.2　建筑装门面布
　　　置的尺寸要求

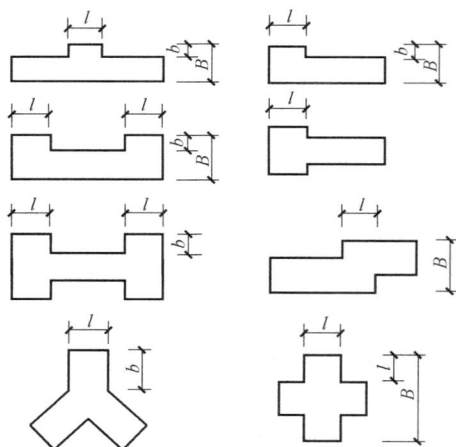

图 3.3　平面尺寸限制

（3）相邻层质量的变化不宜过大（如上下层质量比 $m_1/m_2 \geqslant 1/2 \sim 3/5$）。

（4）避免采用层高特别高或特别矮的楼层，相邻层和连续三层的刚度变化平缓。

（5）平面局部突出的尺寸不宜过大，局部伸出部分在长度方向的尺寸 l 大于宽度方向的尺寸 b 与宽度 B 之比满足 $b/B < 1/5 \sim 1/4$，如图 3.3 所示。

（6）楼层内抗侧力构件的布置和质量的分布，基本对称。

（7）抗侧力构件在平面内呈正交（夹角大于 75°）分布，以便在两个主轴方向分别进行抗震分析。

对于不满足规则要求的建筑结构，则不宜将底部剪力法作为设计依据，否则，应采取有关的调整措施，使计算结果合理化。

3.3.2　多质点结构等效为单自由度体系的等效质量系数

N 个自由度体系的地震作用下的反应，通过正则坐标变换，可得到在正则坐标系中的 N 个独立的方程，对于 j 振型的正则坐标 x_{pj} 的微分方程为：

$$\ddot{x}_{pj} + 2\zeta_j\omega_j\dot{x}_{pj} + \omega_j^2 x_{pj} = -\gamma_j\ddot{u}q \tag{3.20}$$

$$\gamma_j = \frac{\{x^{(j)}\}T[M]\{1\}}{\{x^{(j)}\}T[M]\{x^{(j)}\}}$$

$$= \frac{\sum\limits_{i=1}^{n} X_{ij}M_i}{\sum\limits_{i=1}^{n} X_{ij}^2 M_i} = \frac{\sum\limits_{i=1}^{n} X_{ij}G_i}{\sum\limits_{i=1}^{n} X_{ij}^2 G_i} \tag{3.21}$$

式中，γ_j 称为 j 振型的参与系数，M_i 为 i 的质量，G_i 为 i 质点的重力代表值，X_{ij} 为 j 振型 i 质点的水平相对位移。

式（3.20）与单质点地震作用的微分方程类似，这样第 j 振型第 i 质点的地震作用标准值为：

$$F_{ji} = a_j\gamma_j X_{ji}G_i \tag{3.22}$$

式中，a_j 为相应于 j 振型自振周期的地震影响系数。

由于底部剪力法假定以第一振型为主，则第一振型 i 质点的地震作用标准值为：

$$F_i = a_1\gamma_1 X_{1i}G_i \tag{3.23}$$

式中，a_1 为第一振型自振周期的地震作用影响系数。

结构的水平地震作用标准值（底部剪力）为：

$$F_{EK} = \sum_{i=1}^{n} F_i = a_1\gamma_1 \sum_{i=1}^{n} X_{1i}G_i \tag{3.24}$$

把式（3.23）代入式（3.24）得

$$F_{EK} = a_1 \frac{\sum\limits_{i=1}^{n} X_{1i}G_i}{\sum\limits_{i=1}^{n} X_{1i}^2 G_i} \sum_{i=1}^{n} X_{1i}G_i$$

$$= a_1 \frac{\left(\sum\limits_{i=1}^{n} X_{1i}G_i\right)^2}{\sum\limits_{i=1}^{n} X_{1i}^2 G_i}$$

$$= a_1 \sum_{i=1}^{n} G_i \cdot \frac{1}{\sum\limits_{i=1}^{n} G_i} \cdot \frac{\left(\sum\limits_{i=1}^{n} X_{1i}G_i\right)^2}{\sum\limits_{i=1}^{n} X_{1i}^2 G_i} \tag{3.25}$$

多自由度采用底部剪力法计算底部剪力与单自由度计算地震剪力的差异为引入一个等效的质量系数 η。

$$\eta = \frac{1}{\sum\limits_{i-1}^{n} G_i} - \frac{(\sum\limits_{i-1}^{n} X_{1i} G_i)^2}{\sum\limits_{i-1}^{n} X_{1i}^2 G_i} \qquad (3.26)$$

式中，η 为值小于 1 的系数。

3.3.3　水平地震作用沿高度的分布

水平地震作用沿高度方向通常按倒三角形分布，由于按倒三角形分布得到的结构地震剪力在上部 1/3 左右的各层往往小于按时程分析法和反应谱振组合取前三个振型的计算结果，特别是对于周期较长的结构相对就更大一些。采用在顶部附加集中力的方法可以改进地震作用沿高度的分布。通过按时程分析法和振型分解反应谱法与按倒三角形分布求得各质点的地震作用的比较表明，这个顶部附加水平地震作用是与结构的自振周期和场地类别有关的。《建筑抗震设计规范》GB 50011 采用底部剪力法的计算公式为：

$$F_{EK} = a_1 G_{eq} \qquad (3.27)$$

$$F_i = \frac{G_i H_i}{\sum\limits_{j=1}^{n} G_j H_j} F_{EK}(1 - \delta_n) \qquad (3.28)$$

$$\Delta F_n = \delta_n F_{EK} \qquad (3.29)$$

式中　F_{EK}——结构总水平地震作用标准值；

a_1——相应于结构基本自振周期的水平地震影响系数，多层砌体房屋、底部框架多层内框架砖房，可取水平地震影响系数最大值；

G_{eq}——结构等效总重力荷载，单质点取总重力荷载代表值，多质点可取总重力荷载代表值的 0.85；

F_i——质点 i 的水平地震作用标准值；

G_i、G_j——分别为集中于质点 i、j 的重力荷载代表值；

H_i、H_j——分别为集中于质点 i、j 的计算高度；

δ_n——顶部附加地震作用系数。

3.4　平动的振型分解反应谱法

平动的振型分解反应谱法是最常用的振型分解法。"平动"表示只考虑单向的地震作用且不考虑结构的扭转振型；"反应谱法"表示采用反应谱将动力问题转换为等效的静力问题而不是用时程分析来获得各个振型的反应。

"振型分解"的概念是，以结构自由振动的各个振型作为坐标系，将结构的位移 $\{u\}$ 按振型 $\{x\}$ 展开，作为振型的线性组合，其系数 q 称为广义坐标：

$$\{u\} = \sum_{j=1}^{m} q_j \{x\}_j \qquad (3.30)$$

同理，把惯性力也按振型展开，利用振型的正交性，可获得关于广义坐标的平衡方程：

$$\ddot{q}_j + 2\zeta_j\omega_j\dot{q}_j + \omega_j^2 q_j = -\gamma_j\overline{\ddot{u}}_g \tag{3.31}$$

$$\gamma_j = \{x\}_j^T[m]\{1\}/\{x\}_j^T[m]\{x\} \tag{3.32}$$

式中　ζ_j——j 振型的阻尼比；

$\quad\quad\omega_j$——j 振型的圆频率；

$\quad\quad\gamma_j$——j 振型的参与系数，表示 j 振型在单位惯性力中所占的分量；

$\quad\quad[m]$——结构的质量矩阵；

$\quad\quad\ddot{u}_g$——地面运动加速度。

广义坐标的平衡方程（3.31）可由反应谱求解，进而就得到各振型的内力；然后，根据随机耦合理论，用平方和开方法得到内力和位移的最大可能的组合，以此作为抗震设计的依据。

3.4.1　适用范围

平动的振型分解反应谱法适用于可沿两个主轴分别计算的一般结构，其变形可以是剪切型，也可以是剪弯型和弯曲型。

当建筑结构除了抗侧力构件呈斜交分布外，满足规则结构的其他各项要求，仍可以沿各斜交的构件方向用平动的振型分解反应谱法进行抗震分析，再找出最不利受力状态进行抗震设计。

3.4.2　各振型的地震作用标准值和各振型地震作用效应组合

（1）结构第 j 振型中，i 质点的水平地震作用标准值 F_{ji} 按下式计算：

$$F_{ji} = \alpha_j\gamma_j X_{ji}G_i\ (i=1,\cdots,n) \tag{3.33}$$

$$\gamma_j = \sum X_{ji}G_i / \sum X_{ji}^2 G_i \tag{3.34}$$

式中　α_j——j 振型周期 T_j 对应的地震影响系数；

$\quad\quad X_{ji}$——j 振型 i 质点的振型位移坐标；

$\quad\quad G_i$——集中于 i 质点的重力荷载代表值（kN）。

（2）各振型地震作用效应的组合，可采用平方和开方法。

各质点在 j 振型水平地震力 F_{ji} 的作用下，可求得对应于 j 振型的各构件的地震作用效应 S_j（弯矩 M_j、剪力 V_j、轴向力 N_j 和位移 u_j 等）。构件的地震作用效应 S 按下式计算：

$$S = \sqrt{\sum_{j=1}^m S_j^2} \tag{3.35}$$

式中　m——振型个数。

由于各振型的参与系数 γ_j 不同，与振型周期 T_j 对应的地震影响系数 α_j 也不同，于是，各个振型在地震内力和位移中所占的比重也不相同。通常，仅有前若干个振型起主要作用，一般考虑三个振型，相应地 $m=3$。当结构周期较长，高宽比 H/B 较大时，所考虑的振型个数要适当增加。经验表明，当 T_j 对应的地震影响系数 α_j 取 $\alpha_{\max}$ 时，所考虑的高阶振型就足够了。

3.5　竖向地震作用的简化计算方法

竖向地震地面运动的衰减较快，过去的抗震设计往往不够重视。近年来，高烈度区的宏观震害和强震记录，说明竖向地震运动及其对建筑结构的影响，有时是相当可观的，抗震设计中要予以足够的重视。

唐山地震中，砖烟囱上部折断后横搁在断头的烟囱顶部，大型屋面板被单层工业厂房的上柱所穿破等震害，清楚地显示了极震区竖向地震作用的影响。根据强震观测资料的统计分析，在震中距小于 200km 的范围内，同一地震的竖向地面加速度峰值与水平地面加速度峰值之比 a_v/a_h，平均值约为 1/2，考虑到现有观测的震中距尚不很近，以增加一个均方差来提高保证率，则比值 a_v/a_h 接近 2/3。近年来，国内外都获得 a_v 接近或超过 a_h 的强震记录，最大的 a_v/a_h 达到 1.6。于是，结构竖向地震反应的研究日益受到重视。

计算结构竖向地震作用的方法，多数国家采用静力法、水平地震作用折减法，只有少数国家采用竖向地震反应谱方法。

基于竖向地震作用的上述规律，高耸结构和高层建筑竖向地震作用的简化计算为类似于水平地震作用的底部剪力法，其计算公式为：

$$F_{EVK} = a_{vmax}G_{eq} \tag{3.36}$$

$$F_{Vi} = \frac{G_i H_i}{\sum_{j=1}^{n} G_j H_j} F_{EVK} \tag{3.37}$$

$$G_{eq} = 0.75 \sum G_i \tag{3.38}$$

$$a_{vmax} = 0.65 a_{hmax} \tag{3.39}$$

式中　F_{EVK}——结构总竖向地震作用标准值，kN；

　　　F_{Vi}——质点 i 的竖向地震作用标准值，kN；

a_{vmax}、a_{hmax}——分别为竖向、水平地震影响系数最大值。

各构件竖向地震作用内力按各构件承受的重力荷载内力代表值进行分配。

3.6　截面抗震验算

3.6.1　承载能力极限状态设计方法

以概率为基础的承载能力极限状态设计方法，在已知各基本变量（作用在结构上的荷载和构件承载能力等）统计特征的前提下，根据给定的可靠指标，运用概率分析的可靠度方法进行结构构件设计。这种方法能够考虑有关因素的变异性，使结构构件的设计比较符合预期的可靠度要求。目前，这种方法在国际上只在原子能反应堆的设计中运用。对于一般的工业与民用建筑的设计，仍采用设计人员已经习惯的以基本变量的标准值和分项系数（荷载和抗力系数）为设计表达式。其中，各项系数的确定是依据用概率分析原规范的可靠度水准并在进行个别调整后作为目标可靠指标，然后运用优化的方法确定的。其基本步骤如下：

（1）确定荷载（作用）和抗力的概率模型及统计参数，建立结构或构件承载能力的极限状态方程，分析现行规范的结构或构件在设计基准期内完成预定功能的可靠指标 β 和失效概率 P_f。

（2）在校准原规范各结构构件可靠指标的基础上，对个别结构构件进行适当的调整得到目标可靠指标 β^*，通过使按分项系数设计表达式设计的各构件所具有的可靠指标与目标可靠指标之间在总体上误差最小的原则优化得到设计表达式中的荷载（作用）和抗力分项系数。

（3）运用荷载组合原理得到某一种可变荷载为主要可变荷载时，其他可变荷载的组合系数。

建立实用的以概率为基础的截面抗震验算方法应和非抗震建筑结构设计的方法相一致。但地震作用和抗震设计的基本原则等都有其特点，抗震结构的功能要求与非抗震设计也有所不同。

3.6.2 结构抗震的可靠度分析

结构在规定的时间内，在规定的条件下，完成预定功能的概率称为结构的可靠度，并规定以"可靠指标"来具体度量结构的可靠度。其功能以"极限状态"为标志，当结构构件达到极限状态的概率超过了允许的限值，就不可靠了。因此，极限状态是衡量结构构件是否失效的标准。

根据抗震设计的基本原则，抗震结构应具有两种功能：在多遇的小震作用下完成基本处于弹性状态的功能和在罕遇的大震作用下完成不倒塌的功能。分析抗震结构是否可靠应采用相应的承载能力极限状态和变形能力或综合变形能量能力的极限状态。虽然在罕遇地震作用下结构不倒塌的可靠度水平，是衡量结构抗震设计好坏的标志，但是结构截面抗震设计和非抗震设计一样均采用承载能力的极限状态设计，因此承载能力的抗震可靠度分析是以概率为基础的抗震设计的基础工作之一。

在结构抗震承载能力的可靠度分析中，地震作用下结构反应的概率模型和统计参数的确定一般可采用两种方法，一是运用随机振动的方法，输入地震作用的功率谱密度函数等，根据结构的参数，可得到结构最大反应的概率统计特征；二是通过抗震设计反应谱，考虑抗震设计反应谱的离散性，得到结构最大反应的概率统计特征。无论哪种方法都要得到地震作用下结构最大反应的概率统计特征，再与结构构件的承载能力，作用在结构上的恒载、楼面活荷载一起建立结构构件的承载能力极限状态函数，用考虑随机变量分布的改进的一次二阶矩方法等分析结构承载能力的抗震可靠度。结构承载能力抗震可靠度分析的问题是分析承载能力极限状态函数中的各基本随机变量的概率统计特征。

3.7 抗震变形验算

近年来，我国工程抗震研究者深入总结了地震的震害经验教训，对各类结构的抗震性能开展了一系列的研究工作。其中，对在强烈地震作用下，结构弹塑性位移反应的特点和规律进行了大量的分析研究，揭示了在地震作用下结构弹塑性位移反应与弹性位移反应有着许多不同的特点，揭示了多层结构存在薄弱部位和在强烈地震作用下薄弱楼层率先屈服并产生弹塑性变形集中的现象等。大量的震害和工程实例分析表明，具有薄弱楼层结构的弹塑性变形集中是非常突出的，很难保证其层间弹塑性最大位移在结构变形能力允许的范围内。

通过对结构弹塑性位移反应特点和规律的研究，提出了估计单层厂房薄弱部位和多层剪切型结构薄弱楼层层间弹塑性最大位移反应的简化分析方法和公式。同时，通过对国内外结构构件和结构模型试验资料的统计分析，以及对结构构件和结构层间变形能力的分析研究，规范给出了控制不同破坏程度的变形允许指标。

　　基于一系列的研究成果,《建筑抗震设计规范》GB 50011 采用"小震"作用下以概率为基础的承载力极限状态设计,"大震"作用下的弹塑性变形验算和各类结构抗震构造措施要求的设计方法。在第一阶段的抗震设计中,除了进行构件截面抗震承载力验算外,为了满足在遭遇较多遇的低于本地区基本烈度的"小震"作用时,建筑物基本不损坏的抗震设计目标,对有些结构如钢筋混凝土结构还要验算"小震"作用下的变形,以防止结构构件、特别是非结构构件的较多损坏。

　　因此,结构抗震变形验算包括两部分内容,一是"小震"作用下结构处于弹性状态的变形验算;二是"大震"作用下结构的弹塑性变形验算。

3.7.1　"小震"作用下的结构抗震变形计算

　　按照《建筑抗震设计规范》GB 50011 的设计目标,结构在"小震"作用下基本处于弹性状态,其层间位移计算可根据地震作用的不同分析方法而采用相应的方法。

　　对于按底部剪力法分析结构地震作用时,其弹性位移计算公式为:

$$\Delta u_e(i) = V_e(i)/K_i \qquad (3.40)$$

式中　$\Delta u_e(i)$——第 i 层的层间位移（m）;

　　　　K_i——第 i 层的侧移刚度（kN/m）;

　　　　$V_e(i)$——第 i 层的水平地震剪力标准值（kN）。

　　第一阶段抗震设计的变形验算方法是结构在较多遇的"小震"作用下的层间弹性位移应小于结构处于基本不坏状态的允许值。

　　《建筑抗震设计规范》GB 50011 规定的在第一阶段抗震设计中需要进行变形验算的有钢筋混凝土框架和钢筋混凝土框架—抗震墙结构以及高层钢结构等。钢筋混凝土结构房屋中采用的非结构构件（包括围护墙、隔墙和各种装修）种类繁多,材料的性质和与结构的连接性能都会影响其容许变形能力,经济、合理地确定层间弹性位移角限制值 $[\theta_e]$ 是一个十分复杂和困难的问题。于框架填充墙结构,根据试验资料的分析,填充墙与框架间出现周边裂缝至墙面初裂时,变形值极小,层间位移角约为 1/500。当墙面开裂较普遍,沿对角线裂缝基本贯通时,变形值（位移角）为 1/5650~1/5350,但此时裂缝不宽且较易修复正常使用。当变形（位移角）达到 1/5120~1/580 时,砌体破裂而严重破坏。所以,工程实用上用砌体填充墙面裂缝不超过对角线贯通作为"不坏"的标志。其他材料的非结构墙体,如外挂墙板及各种轻质隔墙,一般来说,其"不坏"的容许变形能力要比砌体填充墙大,但目前尚缺乏完整的试验资料。试验表明,钢筋混凝土抗震墙初裂时变形值（位移角）为 1/55000~1/53000。墙板出现对角裂缝时的位移角约为 1/1000~1/300。根据上述分析,新的抗震规范给出了表 3.3 所列的层间弹性位移角的限值 $[\theta_e]$。

层间弹性位移角限值　　　　　　　　　　　　　　　　　　表 3.3

结构类型	$[\theta_e]$
框架	1/550
框架—抗震墙	
板柱—抗震墙	1/800
框架—核心筒	
抗震墙、筒中筒	1/1000
框支层	1/1000
高层钢结构	1/300

3.7.2 "大震"作用下结构的弹塑性变形验算

在强烈地震作用下，结构将进入弹塑性状态，并通过发展塑性变形和累积耗能来消耗地震输入能量。大量的分析研究和震害都表明，具有薄弱楼层的结构，其弹塑性层间变形集中的现象是十分明显的。因此，在多遇地震作用下构件截面承载力抗震验算的基础上，进行罕遇地震作用下结构薄弱楼层（部位）的弹塑性变形验算，对于做到"大震不倒"具有十分重要的意义。

结构在强烈地震作用下变形验算的基本问题是，估计强烈地震作用下结构薄弱楼层（部位）的弹塑性最大位移反应和分析结构本身的变形能力，通过改善结构均匀性和采用改善薄弱楼层的变形能力的抗震构造措施等，使结构的层间弹塑性最大位移控制在允许的范围内。

《建筑抗震设计规范》GB 50011 为了减少设计工作量，对砌体结构仍然采用"小震"作用下的构件截面承载力验算和抗震构造措施要求的设计方法，不须进行变形验算，仅对特别重要结构和在过去地震中倒塌较多的部分延性结构增加"大震"变形验算的要求。对一般的延性结构可采用简化的方法，对特别重要和特别不规则的结构可采用输入地震波进行时程分析。

1. 结构薄弱楼层（部位）最大弹塑性位移简化计算

《建筑抗震设计规范》GB 50011 在分析总结多层剪切型结构薄弱楼层层间弹塑性最大位移反应的特点和规律，以及对有关公式分析比较的基础上，提出了结构薄弱楼层（部位）的层间弹塑性最大位移的简化计算公式：

$$\Delta_{up} = \eta_p \cdot \Delta u_e = \mu \cdot \Delta u_y = \frac{\eta_p}{\xi_y} \Delta u_y \tag{3.41}$$

式中　Δ_{up}——层间弹塑性位移。

　　Δu_y——层间屈服位移。

　　μ——楼层延性系数。

　　Δu_e——罕遇地震作用下按弹性分析的层间位移。

　　η_p——弹塑性位移增大系数，当薄弱楼层（部位）的屈服强度系数不小于相邻层（部位）该系数平均值的 0.8 倍时，可按表 3.4 采用；当不大于该平均值的 0.5 倍时，可按表内相应数值的 1.5 倍采用，其他情况可采用内插法取值。

　　ξ_y——层间屈服强度系数。

结构的弹塑性位移增大系数　　　　　　　　　　　　　　　　表 3.4

结构类别	总层数 n 或部位	ξ_y			
		0.5	0.4	0.3	0.2
多层均匀结构	2～4	1.3	1.40	1.60	2.10
	5～7	1.50	1.65	1.80	2.40
	8～12	1.80	2.00	2.20	2.80
单层厂房	上柱	1.30	1.60	2.00	2.60

2. 罕遇地震作用下按弹性分析的位移计算

罕遇地震作用下按弹性分析的位移计算比较简单，由于仍按弹性分析，所以结构的动力特性不变，这样罕遇地震作用下按弹性分析的位移一般可采用"小震"作用下的弹性位移乘以"大震"与相应"小震"的地震影响系数最大值之比，即 7 度时乘以 0.5/0.08＝6.25，8 度时乘以 0.9/0.16＝5.625，9 度时乘以 1.4/0.32＝4.375。

思 考 题

1. 计算地震作用时的结构的重力荷载怎样取值？
2. 怎样进行结构的振型分解？
3. 如何确定结构的薄弱层？
4. 哪些结构需要考虑竖向地震？
5. 简述反应谱各区段的特点。
6. 简述底部剪力法的步骤。

第四章　砌体结构抗震构造

4.1　砌体结构震害分析

砌体结构房屋的墙体是由块体和砂浆砌筑而成的，块体和砂浆具有脆性性质，抗拉、抗弯及抗剪能力都很低，因此砌体结构房屋的抗震性能相对较差，不及钢结构和钢筋混凝土结构房屋，在国内外历次强震中的破坏率都很高。而砌体结构房屋在我国的建筑工程中使用很广泛，其在我国建筑业中的比例占到约 60%～70%，尤其在住宅建筑中，使用比例高达 80%。因此，对地震区的砌体结构房屋进行抗震设计是很有必要的。

对历次大地震砌体结构房屋的灾害调查结果的统计分析表明：6 度区——主体结构基本完好，女儿墙、小烟囱严重破坏。7 度区——主体结构轻微损坏，小部分中等损坏。8 度区——多数出现震害，近半数达到中等破坏。9 度区——房屋普遍遭到破坏，多数达到严重破坏。10 度区——少数严重破坏，大多数倒塌。

在历次地震中，砌体结构房屋的震害有以下形式：

（1）房屋倒塌。房屋倒塌是最严重的破坏形式。房屋倒塌又分整体倒塌和局部倒塌两种形式。当结构下部特别是底层墙体的抗震强度不足时，易造成房屋的底层倒塌，从而导致房屋整体倒塌。当结构上部墙体抗震强度不足时，上部结构倒塌，形成局部倒塌。另外，当结构平、立面体形复杂又处理不当，或个别部位连接不好时，也容易造成局部倒塌，如图 4.1、图 4.2 所示。

图 4.1　房屋整体倒塌或局部倒塌

图 4.2　左边单元下层严重破坏

（2）墙体开裂、破坏。在地震作用下，与水平地震作用走向大体一致的墙体，由于墙体的主拉应力达到强度限值而会产生斜裂缝。在地震反复作用下，又多形成交叉斜裂缝。如果墙体高宽比接近 1，则墙体出现 X 形交叉裂缝；如果墙体的高宽比较小，则在墙体中间部位出现水平裂缝。而与水平地震作用走向相垂直的墙体，尤其是房屋的纵墙，会发生平面外的弯曲破坏，造成大面积的墙体脱落。如图 4.3、图 4.4 所示。

图 4.3　底层山墙严重破坏

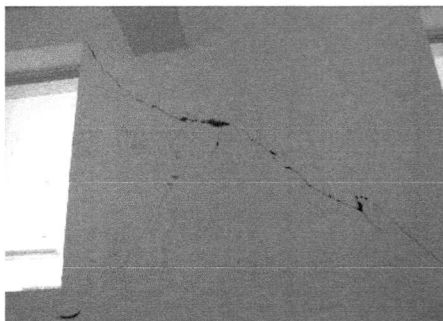

图 4.4　教室大梁下窗间墙剪切破坏

（3）墙角破坏。墙角位于房屋的尽端，本身受房屋的约束作用相对较弱，再加上地震对于房屋尽端的扭转效应比较大，所以墙角处受力复杂，易产生应力集中，导致比较严重的震害。墙角的破坏形式有受剪斜裂缝、受压竖向裂缝、块材被压碎及墙角脱落。如图4.5所示。

图 4.5　房屋四角无构造柱转角的破坏

图 4.6　纵横墙连接破坏

（4）纵横墙连接破坏。纵横墙连接处由于受到双向水平地震作用影响，受力复杂，易产生应力集中现象，造成破坏。同时，纵横墙连接不可靠、纵横墙的砌筑咬槎质量差，也造成纵横墙连接处的破坏。在地震作用下，纵横墙连接处会出现竖向裂缝，纵墙外闪甚至倒塌。如图4.6所示。

（5）楼梯间破坏。楼梯间的刚度一般较大，受到的地震作用往往比其他部位大。同时，楼梯间在高度方向缺乏有力支撑，尤其是顶层的层高较大，约束作用减弱，空间整体刚度小，易造成破坏。而且楼梯间的墙体往往受嵌入墙内的楼梯段的削弱，所以，楼梯间的震害往往比其他部位严重。如图4.7、图4.8所示。

（6）楼盖与屋盖的破坏。楼板（屋面板）在墙上的搁置长度不够，或者缺乏可靠拉结措施，地震时楼板会坍落。如图4.9所示。

（7）附属构件的破坏。突出屋面的楼梯间、电梯间、女儿墙、烟囱等附属结构，由于地震时鞭梢效应的影响，破坏尤其严重。如图4.10所示。

砌体房屋的震害，大体上存在以下规律：对于刚性楼盖房屋，上层的破坏轻，下层的破坏重；而对于柔性楼盖房屋，上层的破坏重，下层的破坏轻。横墙承重房屋的震害轻于纵墙承重房屋。坚实地基上的房屋震害轻于软弱地基和非均匀地基上的房屋震害。外廊式房屋往往地震破坏较重。预制楼板结构比现浇楼板结构破坏重。房屋两端、转角、楼梯间、附属结构震害较重。

图 4.7　楼板掉落

图 4.8　楼板破坏

图 4.9　楼梯间破坏

图 4.10　附属构件破坏

对砌体结构房屋的震害分析可知，砌体结构房屋在地震作用下的破坏可归纳为三类：①结构布置不当或者房屋高度或层数超过一定限度所引起的破坏；②结构或构件承载力不足引起的破坏；③结构构造或连接方面存在缺陷引起的破坏。对第一类破坏，主要利用抗震概念设计来减轻震害；对第二类破坏，则是依靠抗震计算来减轻震害；对第三类破坏，主要依靠抗震构造措施来保障。下面分别说明各部分抗震设计要求。

4.2　砌体房屋墙体的抗震性能

在地震中，砌体房屋的墙体主要承受往复的水平惯性力作用。不配筋墙体、配置水平钢筋的墙体和设置构造柱的墙体，在往复水平力作用下的性能有很大不同。

4.2.1　无筋砌体墙

作用有竖向压力时，无筋砌体在往复水平力作用下，首先从近似对角线方向出现斜向裂缝，并逐步扩展。如果墙体的高宽比接近 1，则墙体呈 X 形交叉裂缝。若墙体的高宽比较小，则在墙体的中间部位出现水平裂缝，如图 4.11 所示。在往复水平力作用下，墙体最终形成四大块体，其破坏形态为剪切型破坏。若继续加载，开裂的墙体沿水平裂缝产生滑移，其承载能力迅速降低。

当门窗洞口把墙体分成若干墙段，各墙肢高宽比都小于 1.0 的情况下，其破坏规律为：较宽的墙肢先于较窄的墙肢开裂和破坏，但也有个别例外的情况。试验结果表明，墙体在水平力作用下的各墙肢按其刚度大小承担地震剪力。

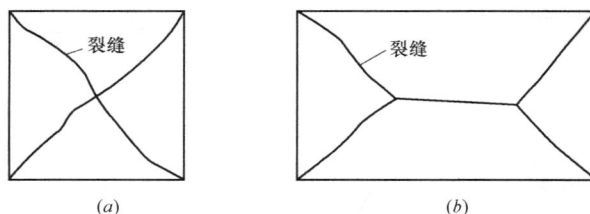

图 4.11　不同高宽比墙的破坏特征
(a) 高宽比较大的墙；(b) 高宽比较小的墙

4.2.2　水平配筋砌体墙

水平配筋砌体墙的破坏现象与无筋砌体墙有显著不同。无筋砌体墙破坏是沿墙面主要出现一对交叉的对角斜裂缝，其他部位裂缝较少发生。而水平配筋砌体墙，即使水平钢筋的体积配筋率比较低，也会出现沿墙体两个对角线方向的多条裂缝，而且很难确定哪一条是主裂缝；水平钢筋的体积配筋率越高，墙体裂缝分布越均匀。

在往复水平力作用下，水平配筋砌体的滞回曲线能较全面地描述其弹性、非弹性性质及其抗震性能。图 4.12 示出了比较典型的水平配筋砌体墙的荷载—位移滞回曲线。从图中可以看出，水平配筋砌体墙工作的过程经历了三个阶段：

(1) 开裂前，荷载—位移曲线接近线性变形，为弹性阶段；

(2) 从开裂荷载到极限荷载为墙体裂缝开展与刚度明显降低的弹塑性阶段；

(3) 超过极限荷载后，为横向配筋砌体的承载能力随位移的增加而逐渐下降的破坏阶段。

由于水平配筋砌体墙在水平力作用下出现多条均匀的裂缝，所以图中荷载—位移滞回曲线所包络的面积比较大，也就是说水平配筋砌体墙的耗能能力比较大。

试验表明，水平配筋砌体墙的承载力随着墙体水平钢筋体积配筋率的增加而增加，其变形能力也随之得到显著提高。一些试验结果表明其变形能力比无筋砌体墙提高一倍以上，带构造柱的水平配筋砌体墙比带构造柱的无筋砌体墙的变形能力要提高 50% 左右。

4.2.3　设构造柱的砌体墙

设构造柱的砌体墙的破坏过程和普通砌体墙有所不同。当达到极限荷载时，墙面裂缝延伸至柱的上下端，出现较平缓的斜裂缝，柱中部有细微的水平裂缝，接近柱端处混凝土破碎，墙体亦呈现剪切破坏，大量的试验说明，虽然设构造柱对砌体墙的抗剪能力提高不多，大体为 10%～20%，但是其变形能力却可以大大提高。在极限荷载下，1340mm×40mm×240mm 的足尺试验墙体的最大变形，设构造柱的平均为 16.3mm，普通的平均为 4.95mm，提高了 2.3 倍左右。

设构造柱的砌体墙的滞回曲线，墙体开裂时荷载—位移呈现直线关系，处于弹性阶段；墙体开裂后，变形增大较快，但墙体的承载能力仍能继续保持并略有增大，滞回曲线所包络的面积较大，反映出有较好的耗能能力，如图4.13所示。

总结试验结果，可以得出钢筋混凝土构造柱的作用，其主要是：

（1）可以大大提高砌体墙的极限变形能力，使砌体墙在遭遇强烈的地震作用时，虽然开裂严重但不至于突然倒塌；

（2）构造柱虽然对于提高砌体墙的初裂和极限承载能力有一定的帮助，但其主要作用是在墙体开裂以后，特别是墙体破坏分成四大块以后，能够约束破碎的三角形砌体脱落坍塌，即使在构造柱自身上下端出现塑性铰后，也仍能阻止破碎砌体的倒塌；

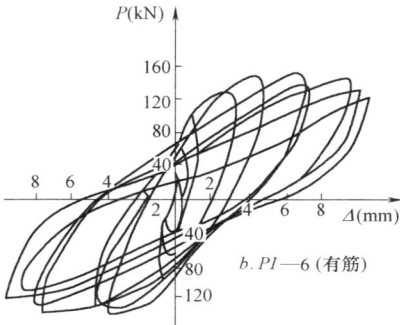

图4.12 横向配筋砌体墙的
荷载—位移滞回曲线

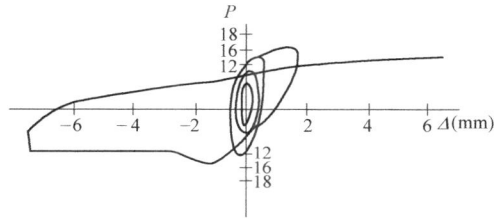

图4.13 设构造柱砌体墙的荷
载—位移滞回曲线

（3）钢筋混凝土构造柱不仅增强了内外墙联结的整体性，而且形成了一个由圈梁和构造柱组成的带钢筋混凝土边框的抗侧力体系，大大增强了砌体结构的整体作用。

4.2.4 砌体房屋的抗震性能

多层砌体房屋的裂缝首先出现在底层墙体的中部，沿灰缝、齿缝和水平缝处开裂。设置构造柱时，裂缝出现斜裂后沿水平方向延伸，最后裂缝开展至柱的上下端，裂缝的分布为底层重，上部层轻。无构造柱房屋墙体裂缝仅限于底层，不向上扩展，如图4.14所示。

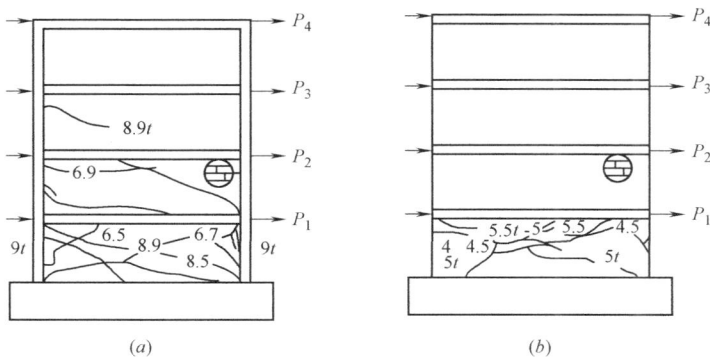

图4.14 房屋模型的破坏特征
（a）有构造柱房屋模型；（b）无构造柱房屋模型

砖房屋模型的纵墙裂缝多呈现水平和窗洞口斜角开裂，破坏时由于内横墙顶推外纵墙，使纵墙连同一部分内横墙一起坍落。

图 4.15 示出了房屋的荷载—位移滞回曲线。从图中可以看出，墙体开裂前，结构处于弹性状态，荷载与位移关系近似于直线，墙体开裂后，结构残余变形增大，刚度下降，滞回曲线包络面积扩大，结构进入塑性工作阶段。

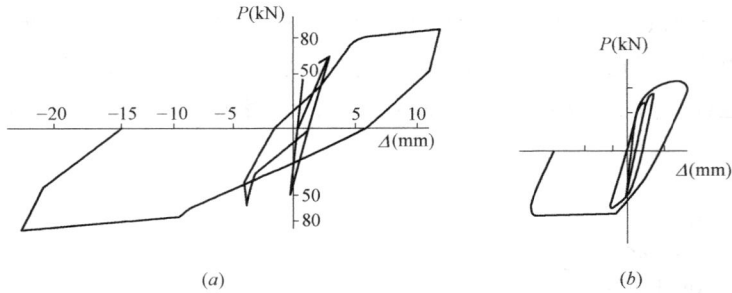

图 4.15 房屋模型的荷载—位移滞回曲线
(*a*) 有构造柱房屋模型；(*b*) 无构造柱房屋模型

从图中还可以看出，带构造柱的比无构造柱的房屋的荷载—位移滞回曲线所包围的面积要大得多，刚度退化也比较慢。

利用构造柱和圈梁等延性构件对砌体结构形成分割、包围，必要时设置水平钢筋，对整个砌体房屋而言，承载力提高不多，而变形能力和耗能能力却大大增加。这样，可以大大提高砌体房屋的防倒塌能力，是改善砌体结构抗震性能的最重要的有效途径。

4.3 地震作用计算和截面抗震验算

4.3.1 水平地震作用的计算

多层砌体房屋水平地震作用的计算可根据房屋的平、立面布置等情况选择采用下列方法：对于平、立面布置规则和结构抗侧力构件在平、立面布置均匀的，可采用底部剪力法；对于立面布置不规则的宜采用振型分解反应谱法，对于平面布置不规则的宜采用考虑水平地震作用扭转影响的振型分解反应谱法。

1. 总水平地震作用的标准值

多层砌体房屋的水平地震作用计算可采用底部剪力法，并取水平地震作用影响系数的最大值 α_{max}，总水平地震作用的标准值 F_{EK} 为：

$$F_{EK} = \alpha_{max} G_{eq} \tag{4.1}$$
$$G_{eq} = 0.85 \Sigma G_i \tag{4.2}$$

式中　G_{eq}——结构等效总重力荷载（kN）；

G_i——集中于 i 质点的重力荷载代表值（kN）。

2. 水平地震作用沿高度的分布

多层砖房水平地震作用沿高度的分布不考虑顶部附加水平地震作用，对于突出屋面的小建筑，地震内力乘以增大系数 3，但不往下传递。沿横向或纵向第 i 层的水平地震作用 F_i 为：

$$F_i = \frac{G_i H_i}{\sum\limits_{j=1}^{n} G_j H_j} F_{EK} \tag{4.3}$$

式中 G_i、G_j——分别为集中于质点 i、j 的重力荷载代表值（kN）；

H_i、H_j——分别为质点 i、j 的计算高度（m）。

各层的水平地震剪力的标准值 V_{iK} 为：

$$V_{iK} = \sum_{i=1}^{n} F_i = \left(\sum_{i=1}^{n} G_i H_i \Big/ \sum_{j=1}^{n} G_j H_j \right) F_{EK} \tag{4.4}$$

4.3.2 楼层地震剪力设计值在各墙段的分配

楼层 i 的地震剪力设计值 V_i 为：

$$V_i = \gamma_{Eh} V_{iK} = 1.3 V_{iK} \tag{4.5}$$

式中 γ_{Eh}——水平地震作用分项系数。

1. 水平地震剪力在楼层平面内的分配

根据多层砖房楼、屋盖的状况，分为三种情况：

（1）现浇和装配整体式钢筋混凝土楼、屋盖，按抗震墙的侧移刚度的比例分配，第 i 层第 j 片抗震墙的地震剪力设计值 V_{ij} 为：

$$V_{ij} = V_i \frac{K_{ij}}{K_i} \tag{4.6}$$

式中 K_{ij}——第 i 层第 j 片抗震墙的侧移刚度；

K_i——第 i 层抗震墙的侧移刚度。

（2）木楼、屋盖的多层砖房，按抗震墙从属面积上重力代表值的比例分配，第 i 层第 j 片抗震墙的地震剪力设计值 V_{ij} 为：

$$V_{ij} = V_i \frac{G_{ij}}{G_i} \tag{4.7}$$

式中 G_{ij}——第 i 层第 j 片抗震墙从属面积上的重力代表值（kN）；

G_i——第 i 层的重力代表值（kN）。

须注意的是：所谓从属面积乃指对有关抗侧力墙体产生地震剪力的负载面积。

（3）预制钢筋混凝土楼、屋盖按抗震墙侧移刚度比和从属面积上重力代表值的比的平均值来分配，第 i 层第 j 片抗震墙的地震剪力设计值 V_{ij} 为：

$$V_{ij} = \frac{1}{2} \left(\frac{K_{ij}}{K_i} + \frac{G_{ij}}{G_i} \right) V_i \tag{4.8}$$

当房屋平面的纵向尺寸较长，在进行纵向地震剪力设计值的分配时，对于预制钢筋混凝土楼（屋）盖可按刚性楼盖考虑，并可按式（4.6）分配地震剪力。

2. 抗震墙的侧移刚度

砌体抗震墙的刚度，按墙段的净高宽比 ρ''（$\rho = h/b$，h 为层高，b 为墙长）的大小（对于门窗洞边的小墙段指洞净高与洞侧墙宽之比），分为三种情况：

（1）$\rho < 1$，只考虑墙体的剪切变形，墙体 j 的抗侧力刚度 K_j 为：

$$K_j = \frac{1}{\dfrac{\xi H}{GA}} = \frac{GA}{1.2H} \qquad (4.9)$$

式中 G——剪切模量（Pa）；

　　H、A——分别为层高和墙体截面面积（m^2）。

（2）$1 \leqslant \rho \leqslant 4$，同时考虑墙体的剪切和弯曲变形，墙体 j 的抗侧力刚度 K_j 为：

$$K_j = \frac{1}{\dfrac{1.2H}{GA} + \dfrac{H^3}{12EI}} \qquad (4.10)$$

取 $G = 0.4E$，则上式为

$$K_j = \frac{GA}{1.2H(1 + H^2/3b^2)} \qquad (4.11)$$

或

$$K_j = \frac{EA}{H(3 + H^2/b^2)} \qquad (4.12)$$

式中 E——弹性模量。

（3）$\rho > 4$，不考虑该墙体的抗侧力刚度。

4.3.3 截面抗震验算

砌体结构截面抗震承载力验算可仅验算横向和纵向墙体中的最不利墙段。所谓最不利墙段，就是承担的地震剪力设计值较大或竖向压应力较小的墙段。其验算公式分别如下。

1. 各类砌体沿阶梯形截面破坏的抗剪强度设计值 f_{VE}

$$f_{VE} = \xi_N f_V \qquad (4.13)$$

式中 f_V——非抗震设计的砌体抗剪强度设计值，应按国家标准《砌体结构设计规范》
　　　　　GB 50003 采用；

　　ξ_N——砌体强度的正应力系数，按表 4.1 采用。

砌体强度的正应力系数　　　　　　　　　　　　　　表 4.1

砌体类别	σ_0/f_V							
	0.0	1.0	3.0	5.0	7.0	10.0	15.0	20.0
黏土砖、多孔砖	0.80	1.00	1.28	1.50	1.70	1.95	2.32	—
混凝土小砌块	—	1.25	1.75	2.25	2.60	3.10	3.95	4.80

2. 黏土砖和多孔砖墙体的截面抗震承载力验算

$$V \leqslant f_{VE} A / \gamma_{RE} \qquad (4.14)$$

式中 V——墙体剪力设计值；

　　A——墙体横截面面积；

　　γ_{RE}——承载力抗震调整系数，对于两端均有构造柱、芯柱的承重墙为 0.9，其他承
　　　　　重墙为 1.0；自承重墙的承载力抗震调整系数可采用 0.75。

当按式（4.14）验算不满足要求时，除采用配筋砌体提高承载力外，尚可采用在墙段中部增设构造柱的方法，计入设置于墙段中部、截面不小于 240mm×240mm 且纵向钢筋配筋率不小于 0.6% 的构造柱对承载力的提高作用，按下列简化方法验算：

$$V \leqslant [\eta_c f_{VE}(A - A_c) + \xi f_t A_c + 0.08 f_y A_s]/\gamma_{RE} \tag{4.15}$$

式中 A_c——中部构造柱的横墙截面总面积（$A_c > 0.15A$ 时，取 $0.15A$）；

      f_t——中部构造柱的混凝土轴心抗拉强度设计值；

      A_s——中部构造柱的纵向钢筋截面总面积（配筋率大于 1.4% 时，取 1.4%）；

      f_y——钢筋抗拉强度设计值；

      ξ——柱参与工作系数，居中设一根时取 0.5，多于一根时取 0.4；

      η_c——墙体约束修正系数；一般情况下取 1.0，构造柱间距不大于 2.8m 时取 1.1。

3. 水平配筋黏土砖墙的截面抗震承载力验算

水平配筋黏土砖、多孔砖墙体的截面抗震承载力，应按下式验算：

$$V \leqslant \frac{1}{\gamma_{RE}}(f_{VE} + \psi_s f_y \rho_v)A \tag{4.16}$$

式中 A——墙体横截面面积，多孔砖取毛截面面积；

      f_y——钢筋抗拉强度设计值；

      ρ_v——层间墙体体积配筋率；

      ψ_s——钢筋参与工作系数。

4. 混凝土小砌块墙体截面抗震承载力验算

混凝土小砌块墙的截面抗震承载力，应按下式验算：

$$V \leqslant [f_{VE}A + (0.3f_t A_c + 0.05f_y A_s)\zeta_c]/\gamma_{RE} \tag{4.17}$$

式中 f_t——芯柱混凝土轴心抗拉强度设计值；

      A_c——芯柱截面总面积；

      A_s——芯柱层钢筋截面总面积；

      ζ_c——芯柱影响系数。

4.4   砌体结构抗震设计一般规定

多层砌体房屋的抗震构造措施，对于提高房屋的整体抗震性能，做到"大震"不倒，有着重要的意义。

1. 建筑布置和结构体系

墙体是承担地震作用的主要构件，墙体的布置和间距对房屋的空间刚度和整体性影响很大，因而对建筑物的抗震性能有重大影响。应优先采用横墙承重或纵横墙共同承重的结构体系，不应采用砌体墙和混凝土墙混合承重的结构体系。纵横墙的布置宜均匀对称，沿平面内宜对齐，沿竖向应上下连续；且纵横向墙体的数量不宜相差过大。

大量震害调查表明，在横向水平地震作用的影响下，如果楼盖有足够刚度，横墙间距较密且具有足够的承载能力，则纵墙承受的地震作用是很小的，一般不至于出现水平裂缝。如果楼盖刚度较差或横墙间距很大或横墙承载能力不足而先行破坏，则纵墙承受的地震作用将较大，因而在纵墙上就会出现水平裂缝，裂缝的位置一般是在两横墙之间的中部或靠近先行破坏的横墙的一端。因此，对于横墙，除了必须具有足够的抗震能力外，还必须使其间距能满足楼盖对传递水平地震作用所需的水平刚度的要求。也就是说，横墙间距必须根据楼盖的水平刚度给予一定的限制。

应优先采用横墙承重或纵横墙共同承重的结构体系，不应采用砌体墙和混凝土墙混合承重的结构体系。纵横向砌体抗震墙的布置宜均匀对称，沿平面内宜对齐，沿竖向应上下连续；且纵横向墙体的数量不宜相差过大；平面轮廓凹凸尺寸，不应超过典型尺寸的50%；当超过典型尺寸的25%时，房屋转角处应采取加强措施；楼板局部大洞口的尺寸不宜超过楼板宽度的30%，且不应在墙体两侧同时开洞；房屋错层的楼板高差超过500mm时，应按两层计算；错层部位的墙体应采取加强措施；同一轴线上的窗间墙宽度宜均匀；墙面洞口的面积，6、7度时不宜大于墙面总面积的55%，8、9度时不宜大于50%；在房屋宽度方向的中部应设置内纵墙，其累计长度不宜小于房屋总长度的60%（高宽比大于4的墙段不计入）。

底部框架—抗震墙砌体房屋的结构布置，上部的砌体墙体与底部的框架梁或抗震墙，除楼梯间附近的个别墙段外均应对齐；房屋的底部，应沿纵横两方向设置一定数量的抗震墙，并应均匀、对称布置。6度且总层数不超过4层的底层框架—抗震墙砌体房屋，应允许采用嵌砌于框架之间的约束普通砖砌体或小砌块砌体的砌体抗震墙，但应计入砌体墙对框架的附加轴力和附加剪力并进行底层的抗震验算，且同一方向不应同时采用钢筋混凝土抗震墙和约束砌体抗震墙；其余情况，8度时应采用钢筋混凝土抗震墙，6、7度时应采用钢筋混凝土抗震墙或配筋小砌块砌体抗震墙；底层框架—抗震墙砌体房屋的纵横两个方向，第二层计入构造柱影响的侧向刚度与底层侧向刚度的比值，6、7度时不应大于2.5，8度时不应大于2.0，且均不应小于1.0；底部两层框架—抗震墙砌体房屋纵横两个方向，底层与底部第二层侧向刚度应接近，第三层计入构造柱影响的侧向刚度与底部第二层侧向刚度的比值，6、7度时不应大于2.0，8度时不应大于1.5，且均不应小于1.0；底部框架—抗震墙砌体房屋的抗震墙应设置条形基础、筏形基础等整体性好的基础。

2. 多层房屋的层数和高度限制

根据宏观震害调查，《建筑抗震设计规范》GB 50011—2010规定，多层房屋的层数和高度应符合下列要求：一般情况下，房屋的层数和总高度不应超过表4.2的规定。

横墙较少的多层砌体房屋，总高度应比表4.2的规定降低3m，层数相应减少1层；各层横墙很少的多层砌体房屋，还应再减少1层。横墙较少是指同一楼层内开间大于4.2m的房间占该层总面积的40%以上；其中，开间不大于4.2m的房间占该层总面积不到20%且开间大于4.8m的房间占该层总面积的50%以上为横墙很少。6、7度时，横墙较少的丙类多层砌体房屋，当按规定采取加强措施并满足抗震承载力要求时，其高度和层数应允许仍按表4.2的规定采用。

采用蒸压灰砂砖和蒸压粉煤灰砖的砌体的房屋，当砌体的抗剪强度仅达到普通黏土砖砌体的70%时，房屋的层数应比普通砖房减少1层，总高度应减少3m；当砌体的抗剪强度达到普通黏土砖砌体的取值时，房屋层数和总高度的要求同普通砖房屋。

多层砌体承重房屋的层高，不应超过3.6m。底部框架—抗震墙砌体房屋的底部，层高不应超过4.5m；当底层采用约束砌体抗震墙时，底层的层高不应超过4.2m。当使用功能确有需要时，采用约束砌体等加强措施的普通砖房屋，层高不应超过3.9m。

多层砌体房屋总高度与总宽度的最大比值，宜符合表4.3的要求。

房屋的层数和总高度限值（m） 表 4.2

房屋类型		最小抗震墙厚度（mm）	烈度和设计基本地震加速度										
			6 度		7 度				8 度				9 度	
			0.05g		0.10g		0.15g		0.20g		0.30g		0.40g	
			高度	层数	高度	层数	高度	层数	高度	层数	高度	层数	高度	层数
多层砌体房屋	普通砖	240	21	7	21	7	21	7	18	6	15	5	12	4
	多孔砖	240	21	7	21	7	18	6	18	6	15	5	9	3
	多孔砖	190	21	7	18	6	15	5	15	5	12	4	—	—
	小砌块	190	21	7	21	7	18	6	18	6	15	5	9	3
底部框架—抗震墙房屋	普通砖、多孔砖	240	22	7	22	7	19	6	16	5	—	—	—	—
	多孔砖	190	22	7	22	7	16	5	13	4	—	—	—	—
	小砌块	190	22	7	22	7	19	6	16	5	—	—	—	—

注：房屋的总高度指室外地面到主要屋面板板顶或檐口的高度，半地下室从地下室室内地面算起，全地下室和嵌固条件好的半地下室应允许从室外地面算起；对带阁楼的坡屋面应算到山尖墙的 1/2 高度处；室内外高差大于 0.6m 时，房屋总高度应允许比表中的数据适当增加，但增加量应少于 1.0m；乙类的多层砌体房屋仍按本地区设防烈度查表，其层数应减少 1 层且总高度应降低 3m；不应采用底部框架—抗震墙砌体房屋；本表小砌块砌体房屋不包括配筋混凝土小型空心砌块砌体房屋。

房屋最大高宽比 表 4.3

烈度	6 度	7 度	8 度	9 度
最大高宽比	2.5	2.5	2	1.5

注：单面走廊房屋的总宽度不包括走廊宽度；建筑平面接近正方形时，其高宽比宜适当减小。

房屋抗震横墙的间距，不应超过表 4.4 的要求。

房屋抗震横墙的间距（m） 表 4.4

房屋类型 烈度		6 度	7 度	8 度	9 度
多层砌体房屋	现浇或装配整体式钢筋混凝土楼、屋盖	15	15	11	7
	装配式钢筋混凝土楼、屋盖	11	11	9	4
	木屋盖	9	9	4	—
底部框架—抗震墙房屋	上部各层	同多层砌体房屋			—
	底层或底部两层	18	15	11	—

注：多层砌体房屋的顶层，除木屋盖外的最大横墙间距应允许适当放宽，但应采取相应加强措施；多孔砖抗震横墙厚度为 190mm 时，最大横墙间距应比表中数值减少 3m。

多层砌体房屋中砌体墙段的局部尺寸限值，宜符合表 4.5 的要求。

3. 防震缝与楼梯间

房屋有下列情况之一时宜设置防震缝，缝两侧均应设置墙体，缝宽应根据烈度和房屋高度确定，可采用 70～100mm；房屋立面高差在 6m 以上；房屋有错层，且楼板高差大于层高的 1/4；各部分结构刚度、质量截然不同。

房屋的局部尺寸限值（m）　　　　　　　　　　　　表 4.5

部位＼烈度	6 度	7 度	8 度	9 度
承重窗间墙最小宽度	1	1	1.2	1.5
承重外墙尽端至门窗洞边的最小距离	1	1	1.2	1.5
非承重外墙尽端至门窗洞边的最小距离	1	1	1	1
内墙阳角至门窗洞边的最小距离	1	1	1.5	2
无锚固女儿墙（非出入口处）的最大高度	0.5	0.5	0.5	0

注：局部尺寸不足时，应采取局部加强措施弥补，且最小宽度不宜小于 1/4 层高和表列数据的 80%；出入口处的女儿墙应有锚固。

　　楼梯间不宜设置在房屋的尽端或转角处。不应在房屋转角处设置转角窗。横墙较少、跨度较大的房屋，宜采用现浇钢筋混凝土楼、屋盖。

　　顶层楼梯间墙体应沿墙高每隔 500mm 设 2ϕ6 通长钢筋和 ϕ4 分布短钢筋平面内点焊组成的拉结网片或 ϕ4 点焊网片；7～9 度时其他各层楼梯间墙体应在休息平台或楼层半高处设置 60mm 厚、纵向钢筋不应少于 2ϕ10 的钢筋混凝土带或配筋砖带，配筋砖带不少于 3 皮，每皮的配筋不少于 2ϕ6，砂浆强度等级不应低于 M7.5 且不低于同层墙体的砂浆强度等级。楼梯间及门厅内墙阳角处的大梁支承长度不应小于 500mm，并应与圈梁连接。装配式楼梯段应与平台板的梁可靠连接，8、9 度时不应采用装配式楼梯段；不应采用墙中悬挑式踏步或踏步竖肋插入墙体的楼梯，不应采用无筋砖砌栏板。突出屋顶的楼、电梯间，构造柱应伸到顶部，并与顶部圈梁连接，所有墙体应沿墙高每隔 500mm 设 2ϕ6 通长钢筋和 ϕ4 分布短筋平面内点焊组成的拉结网片或 ϕ4 点焊网片。

4.5　砖砌体结构抗震构造及详图

1. 构造柱设置

　　各类多层砖砌体房屋，应按下列要求设置现浇钢筋混凝土构造柱（以下简称构造柱）：构造柱设置部位，一般情况下应符合表 4.6 的要求。外廊式和单面走廊式的多层房屋，应根据房屋增加 1 层的层数，按表 4.6 的要求设置构造柱，且单面走廊两侧的纵墙均应按外墙处理。横墙较少的房屋，应根据房屋增加 1 层的层数，按表 4.6 的要求设置构造柱。当横墙较少的房屋为外廊式或单面走廊式时，应按本条 2 款的要求设置构造柱；但 6 度不超过 4 层、7 度不超过 3 层和 8 度不超过 2 层时，应按增加 2 层的层数对待。各层横墙很少的房屋，应按增加 2 层的层数设置构造柱。采用蒸压灰砂砖和蒸压粉煤灰砖的砌体房屋，当砌体的抗剪强度仅达到普通黏土砖砌体的 70% 时，应根据增加 1 层的层数按本条 1～4 款的要求设置构造柱；但 6 度不超过 4 层、7 度不超过 3 层和 8 度不超过 2 层时，应按增加 2 层的层数对待。

多层砖砌体房屋构造柱设置要求 表 4.6

房屋层数				设 置 部 位	
6 度	7 度	8 度	9 度		
四、五	三、四	二、三	一	楼、电梯间四角、楼梯斜梯段上下端对应的墙体处	隔 12m 或单元横墙与外纵墙交接处
				外墙四角和对应转角	楼梯间对应的另一侧内横墙与外纵墙交接处
六	五	四	二	错层部位横墙与外纵墙交接处	隔开间横墙(轴线)与外墙交接处
				较大洞口两侧	山墙与内纵墙交接处
七	≥六	≥五	≥三	—	内墙(轴线)与外墙交接处
				—	内横墙的局部较小墙垛处
				—	内纵墙与横墙(轴线)交接处

注：较大洞口，内墙指不小于 2.1m 的洞口；外墙在内外墙交接处已设置构造柱时应允许适当放宽，但洞侧墙体应加强。

构造柱最小截面可采用 180mm×240mm（墙厚 190mm 时为 180mm×190mm），纵向钢筋宜采用 4φ12，箍筋间距不宜大于 250mm，且在柱上下端应适当加密；6、7 度时超过 6 层、8 度时超过 5 层和 9 度时，构造柱纵向钢筋宜采用 4φ14，箍筋间距不应大于 200mm；房屋四角的构造柱应适当加大截面及配筋。构造柱与墙连接处应砌成马牙槎，沿墙高每隔 500mm 设 2φ6 水平钢筋和 φ4 分布短筋平面内点焊组成的拉结网片或 φ4 点焊钢筋网片，每边伸入墙内不宜小于 1m。6、7 度时底部 1/3 楼层，8 度时底部 1/2 楼层，9 度时全部楼层，上述拉结钢筋网片应沿墙体水平通长设置。构造柱与圈梁连接处，构造柱的纵筋应在圈梁纵筋内侧穿过，保证构造柱纵筋上下贯通。

构造柱可不单独设置基础，但应伸入室外地面下 500mm，或与埋深小于 500mm 的基础圈梁相连。

房屋高度和层数接近表 4.7 的限值时，纵、横墙内构造柱间距尚应符合下列要求：横墙内的构造柱间距不宜大于层高的 2 倍；下部 1/3 楼层的构造柱间距适当减小；当外纵墙开间大于 3.9m 时，应另设加强措施。内纵墙的构造柱间距不宜大于 4.2m。

丙类的多层砖砌体房屋，当横墙较少且总高度和层数接近或达到国家标准《砌体结构设计规范》GB 50003 规定的限值时，应采取下列加强措施：房屋的最大开间尺寸不宜大于 6.6m。同一结构单元内横墙错位数量不宜超过横墙总数的 1/3，且连续错位不宜多于两道；错位的墙体交接处均应增设构造柱，且楼、屋面板应采用现浇钢筋混凝土板。

横墙和内纵墙上洞口的宽度不宜大于 1.5m；外纵墙上洞口的宽度不宜大于 2.1m 或开间尺寸的一半；且内外墙上洞口位置不应影响内外纵墙与横墙的整体连接。所有纵横墙均应在楼、屋盖标高处设置加强的现浇钢筋混凝土圈梁；圈梁的截面高度不宜小于 150mm，上下纵筋各不应少于 3φ10，箍筋不小于 φ6，间距不大于 300mm。所有纵横墙交

増设构造柱的纵筋和箍筋设置要求　表 4.7

位置	纵向钢筋			箍筋		
	最大配筋率(%)	最小配筋率(%)	最小直径(mm)	加密区范围(mm)	加密区间距(mm)	最小直径(mm)
角柱	1.8	0.8	14	全高	100	6
边柱			14	上端700		
中柱	1.4	0.6	12	下端500		

接处及横墙的中部，均应增设满足下列要求的构造柱：在纵、横墙内的柱距不宜大于 3.0m，最小截面尺寸不宜小于 240mm×240mm（墙厚 190mm 时为 240mm×190mm），配筋宜符合表 4.9 的要求。

2. 圈梁设置

多层砖砌体房屋的现浇钢筋混凝土圈梁设置应符合下列要求：装配式钢筋混凝土楼、屋盖或木屋盖的砖房，应按表 4.8 的要求设置圈梁；纵墙承重时，抗震横墙上的圈梁间距应比表内要求适当加密。现浇或装配整体式钢筋混凝土楼、屋盖与墙体有可靠连接的房屋，应允许不另设圈梁，但楼板沿抗震墙体周边均应加强配筋并应与相应的构造柱钢筋可靠连接。

多层砖砌体房屋现浇钢筋混凝土圈梁设置要求　表 4.8

墙　类	烈　度		
	6、7度	8度	9度
外墙和内纵墙	屋盖处及每层楼盖处	屋盖处及每层楼盖处	屋盖处及每层楼盖处
内横墙	同上	同上	同上
	屋盖处间距不应大于4.5m	各层所有横墙，且间距不应大于4.5m	各层所有横墙
	楼盖处间距不应大于7.2m	构造柱对应部位	—
	构造柱对应部位	—	—

多层砖砌体房屋现浇混凝土圈梁应闭合，遇有洞口圈梁应上下搭接。圈梁宜与预制板设在同一标高处或紧靠板底；圈梁的间距内无横墙时，应利用梁或板缝中的配筋替代圈梁；圈梁的截面高度不应小于 120mm，配筋应符合表 4.9 的要求。

多层砖砌体房屋圈梁配筋要求　表 4.9

配　筋	烈　度		
	6、7度	8度	9度
最小纵筋	4φ10	4φ12	4φ14
箍筋最大间距(mm)	250	200	150

3. 多层砖砌体房屋的楼、屋盖

现浇钢筋混凝土楼板或屋面板伸进纵、横墙内的长度，均不应小于120mm；装配式钢筋混凝土楼板或屋面板，当圈梁未设在板的同一标高时，板端伸进外墙的长度不应小于120mm，伸进内墙的长度不应小于100mm或采用硬架支模连接，在梁上不应小于80mm或采用硬架支模连接。当板的跨度大于4.8m并与外墙平行时，靠外墙的预制板侧边应与墙或圈梁拉结。房屋端部大房间的楼盖，6度时房屋的屋盖和7～9度时房屋的楼、屋盖，当圈梁设在板底时，钢筋混凝土预制板应相互拉结，并应与梁、墙或圈梁拉结。

楼、屋盖的钢筋混凝土梁或屋架应与墙、柱（包括构造柱）或圈梁可靠连接；不得采用独立砖柱。跨度不小于6m大梁的支承构件应采用组合砌体等加强措施，并满足承载力要求。

6、7度时长度大于7.2m的大房间，以及8、9度时外墙转角及内外墙交接处，应沿墙高每隔500mm配置2ϕ6的通长钢筋和ϕ4分布短筋平面内点焊组成的拉结网片或ϕ4点焊网片。

4. 其他相关要求

坡屋顶房屋的屋架应与顶层圈梁可靠连接，檩条或屋面板应与墙、屋架可靠连接，房屋出入口处的檐口瓦应与屋面构件锚固。采用硬山搁檩时，顶层内纵墙顶宜增砌支承山墙的踏步式墙垛，并设置构造柱。

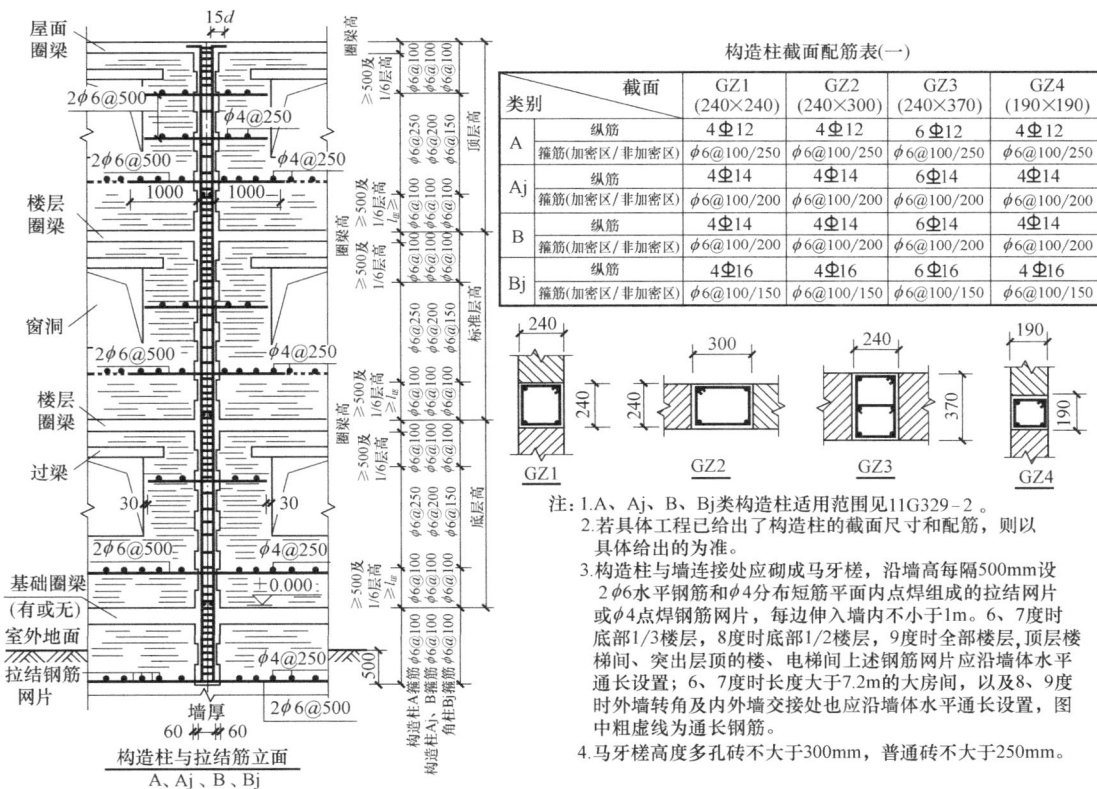

构造柱截面配筋表（一）

类别	截面	GZ1 (240×240)	GZ2 (240×300)	GZ3 (240×370)	GZ4 (190×190)
A	纵筋	4Φ12	4Φ12	6Φ12	4Φ12
A	箍筋(加密区/非加密区)	ϕ6@100/250	ϕ6@100/250	ϕ6@100/250	ϕ6@100/250
Aj	纵筋	4Φ14	4Φ14	6Φ14	4Φ14
Aj	箍筋(加密区/非加密区)	ϕ6@100/200	ϕ6@100/200	ϕ6@100/200	ϕ6@100/200
B	纵筋	4Φ14	4Φ14	6Φ14	4Φ14
B	箍筋(加密区/非加密区)	ϕ6@100/200	ϕ6@100/200	ϕ6@100/200	ϕ6@100/200
Bj	纵筋	4Φ16	4Φ16	6Φ16	4Φ16
Bj	箍筋(加密区/非加密区)	ϕ6@100/150	ϕ6@100/150	ϕ6@100/150	ϕ6@100/150

注：1. A、Aj、B、Bj类构造柱适用范围见11G329-2。
2. 若具体工程已给出了构造柱的截面尺寸和配筋，则以具体给出的为准。
3. 构造柱与墙连接处应砌成马牙槎，沿墙高每隔500mm设2ϕ6水平钢筋和ϕ4分布短筋平面内点焊组成的拉结网片或ϕ4焊接钢筋网片，每边伸入墙内不小于1m。6、7度时底部1/3楼层，8度时底部1/2楼层，9度时全部楼层，顶层楼梯间、突出屋顶的楼、电梯间上述钢筋网片应沿墙体水平通长设置；6、7度时长度大于7.2m的大房间，以及8、9度时外墙转角及内外墙交接处也应沿墙体水平通长设置，图中粗虚线为通长钢筋。
4. 马牙槎高度多孔砖不大于300mm，普通砖不大于250mm。

图4.16 构造柱与拉结筋立面

门窗洞处不应采用砖过梁；过梁支承长度，6～8度时不应小于240mm，9度时不应小于360mm。预制阳台，6、7度时应与圈梁和楼板的现浇板带可靠连接，8、9度时不应采用预制阳台。

同一结构单元的基础（或桩承台），宜采用同一类型的基础，底面宜埋置在同一标高上，否则应增设基础圈梁并应按1∶2的台阶逐步放坡。

同一结构单元的楼、屋面板应设置在同一标高处。房屋底层和顶层的窗台标高处，宜设置沿纵横墙通长的水平现浇钢筋混凝土带；其截面高度不小于60mm，宽度不小于墙厚，纵向钢筋不少于2φ10，横向分布筋的直径不小于6mm且其间距不大于200mm。

5. 砖砌体结构抗震构造及详图（图4.16～图4.26）

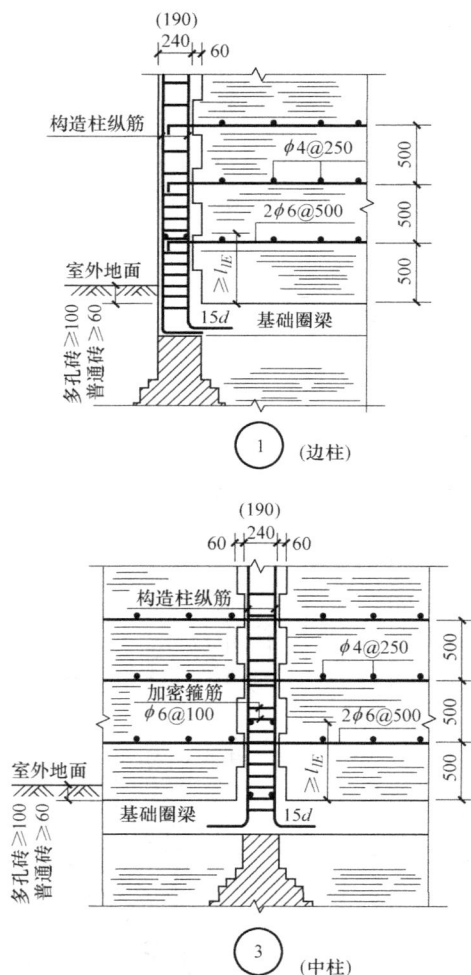

图 4.17　构造柱根部与基础圈梁连接做法

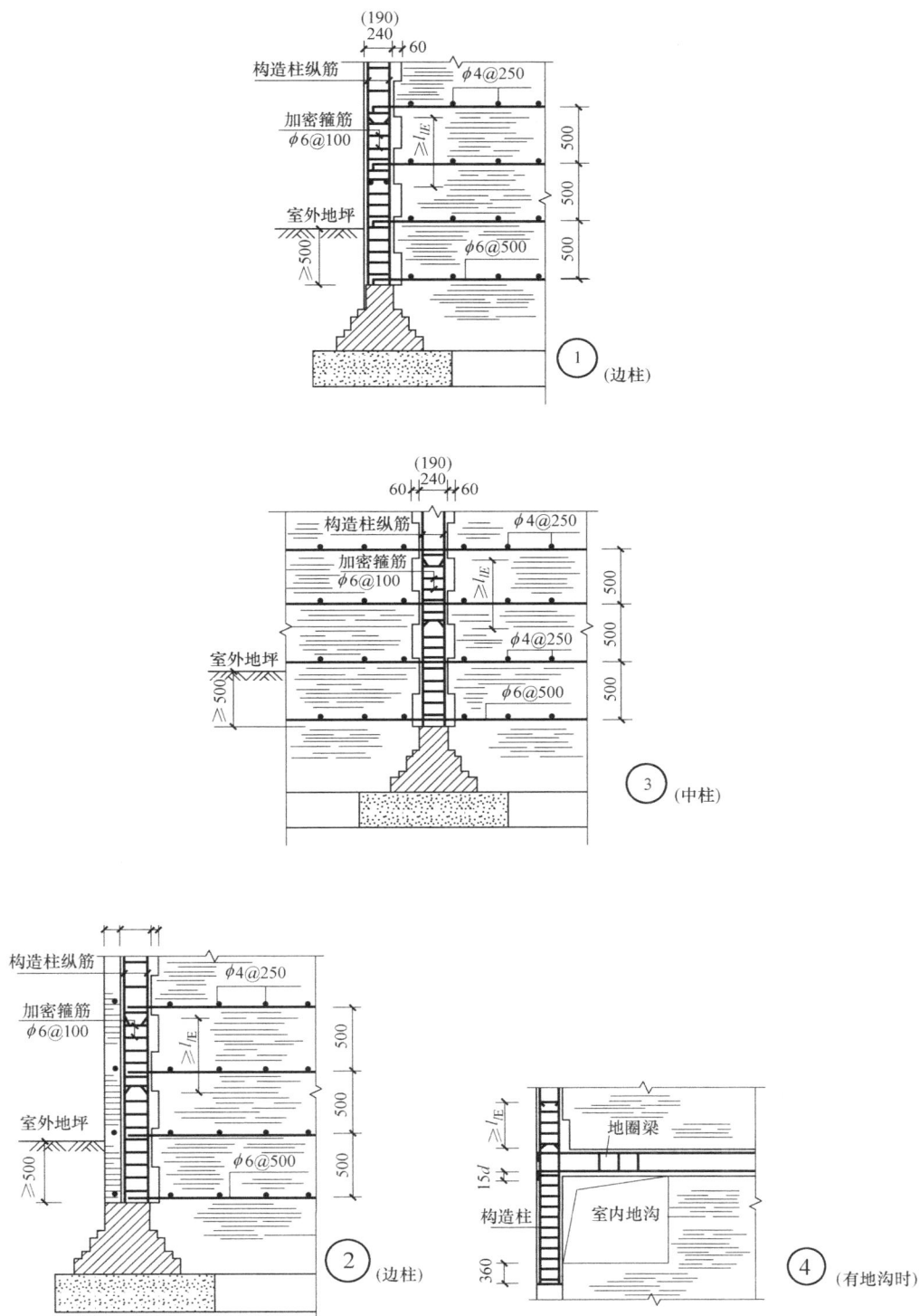

图 4.18 构造柱伸至室外地面下 500mm 做法

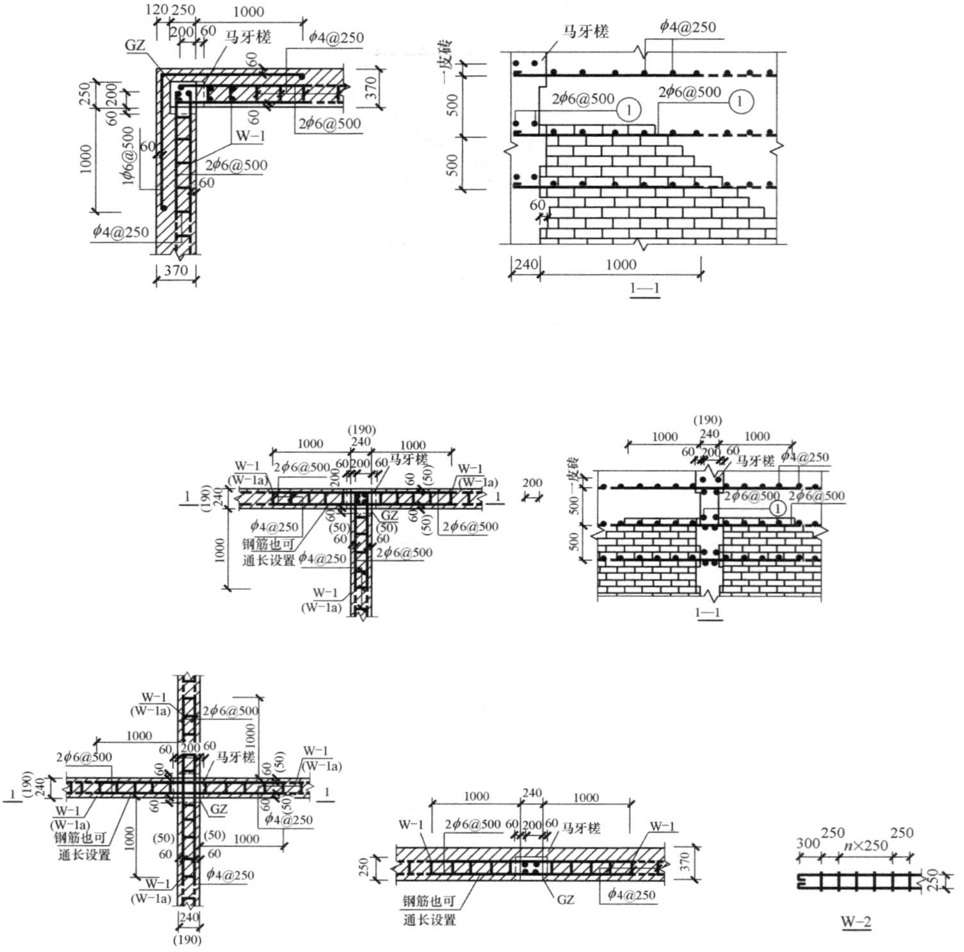

图 4.19　墙体钢筋网片与构造柱连接节点

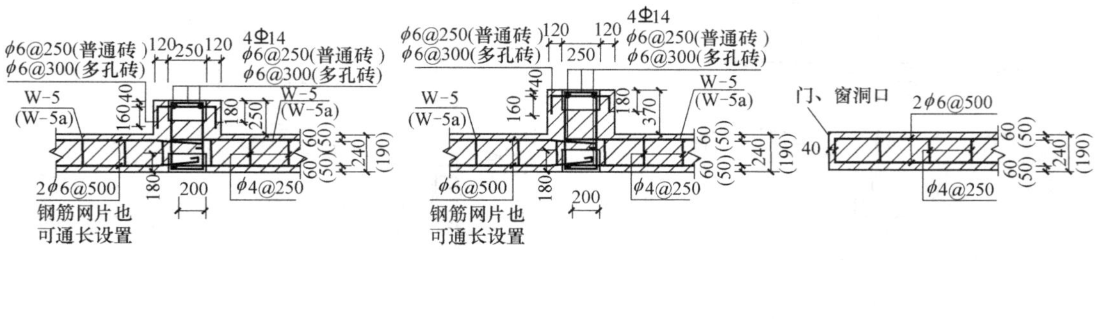

图 4.20　组合壁柱与拉结钢筋网片的连接

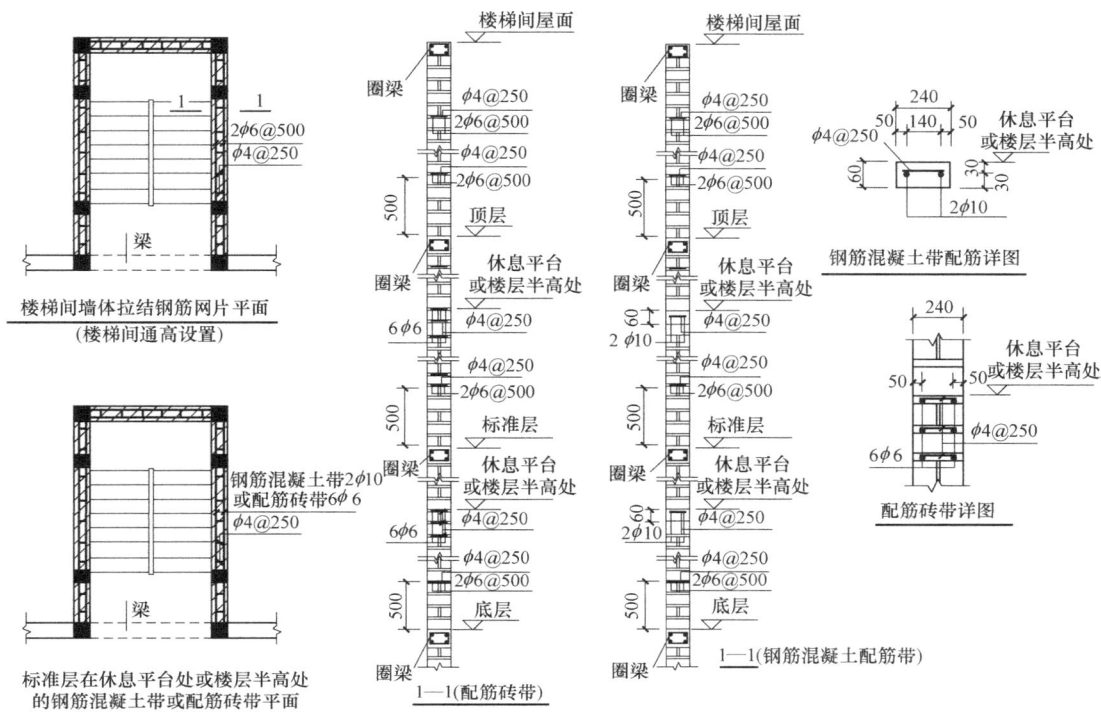

图 4.21 楼梯间墙体配筋构造

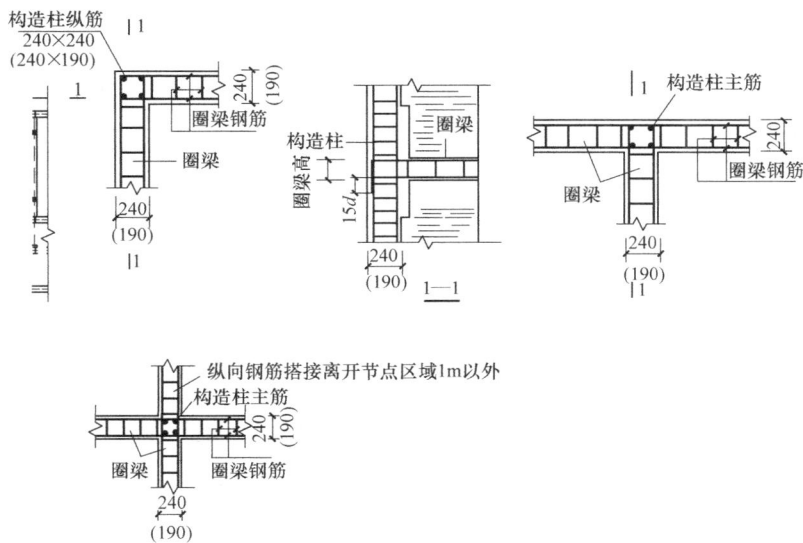

图 4.22 圈梁与构造柱连接节点

内墙阳角　　　　　　内横墙与外纵墙相交处

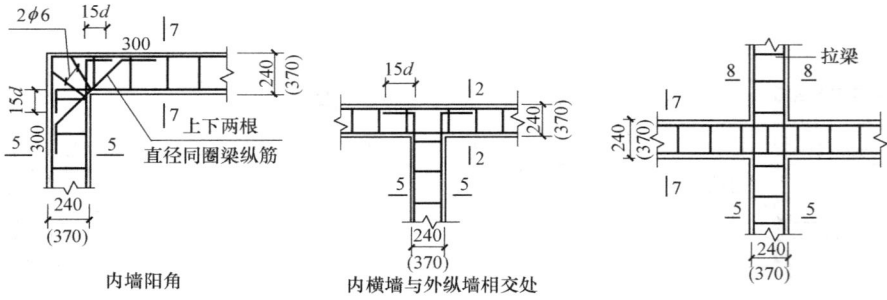

图 4.23　无构造柱时板底圈梁连接节点

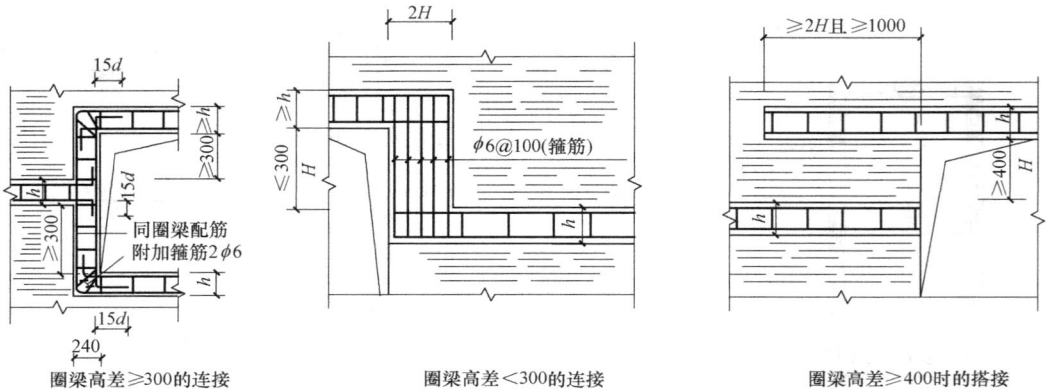

圈梁高差≥300的连接　　　圈梁高差＜300的连接　　　圈梁高差≥400时的搭接

图 4.24　高低圈梁节点

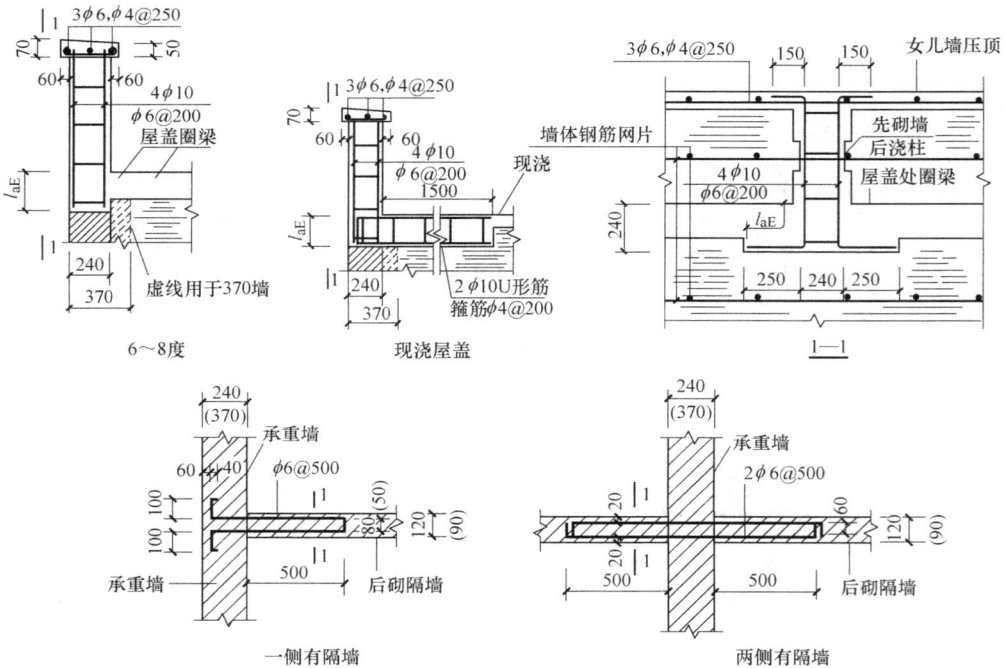

6～8度　　　　　现浇屋盖　　　　　　1—1

一侧有隔墙　　　　　　　两侧有隔墙

图 4.25　6～8度区有隔墙的女儿墙配筋构造

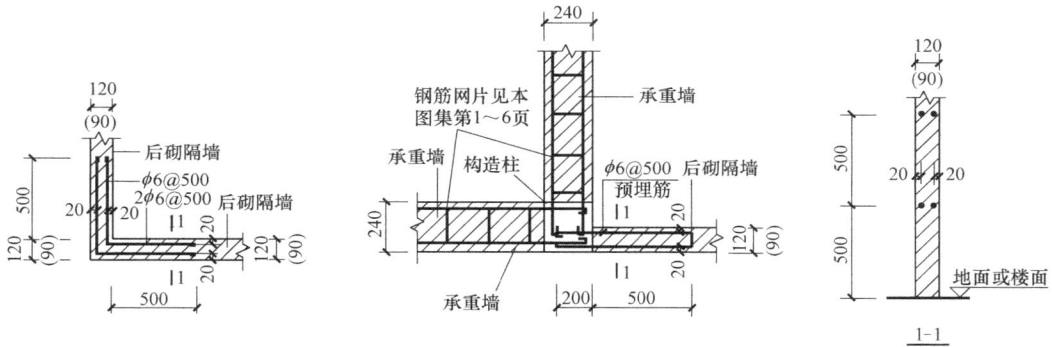

图 4.26　6～8 度区有承重墙的女儿墙配筋构造

4.6　砌块砌体结构抗震构造及详图

1. 芯柱与构造柱抗震构造措施

多层小砌块房屋应按表 4.10 的要求设置钢筋混凝土芯柱。对外廊式和单面走廊式的多层房屋、横墙较少的房屋、各层横墙很少的房屋，尚应分别对应增加层数的对应要求，按表 4.10 的要求设置芯柱。

多层小砌块房屋芯柱设置要求　　　　　　　　　　表 4.10

房 屋 层 数				设 置 部 位	设 置 数 量
6 度	7 度	8 度	9 度		
四、五	三、四	二、三	一	外墙转角,楼、电梯间四角、楼梯斜梯段上下端对应的墙体处	外墙转角,灌实 3 个孔
				大房间内外墙交接处	内外墙交接处,灌实 4 个孔
				错层部位横墙与外纵墙交接处	楼梯斜梯段上下端对应的墙体处,灌实 2 个孔
				隔 12m 或单元横墙与外纵墙交接处	—
六	五	四	一	同上	
				隔开间横墙(轴线)与外纵墙交接处	
七	六	五	二	同上	外墙转角,灌实 5 个孔
				各内墙(轴线)与外纵墙交接处	内外墙交接处,灌实 4 个孔
				内纵墙与横墙(轴线)交接处和洞口两侧	内墙交接处,灌实 2 个孔
				—	洞口两侧各灌实 1 个孔
一	七	≥六	≥三	同上	外墙转角,灌实 7 个孔
				横墙内芯柱间距不大于 2m	内外墙交接处,灌实 5 个孔
					内墙交接处,灌实 4～5 个孔
				—	洞口两侧各灌实 1 个孔

注：外墙转角、内外墙交接处、楼电梯间四角等部位，应允许采用钢筋混凝土构造柱替代部分芯柱。

多层小砌块房屋的芯柱，小砌块房屋芯柱截面不宜小于 120mm×120mm。芯柱混凝土强度等级，不应低于 Cb20。芯柱的竖向插筋应贯通墙身且与圈梁连接；插筋不应小于 $1\phi12$，6、7 度时超过 5 层、8 度时超过 5 层和 9 度时，插筋不应小于 $1\phi14$。芯柱应伸入室外地面下 500mm 或与埋深小于 500mm 的基础圈梁相连。为提高墙体抗震受剪承载力而设置的芯柱，宜在墙体内均匀布置，最大净距不宜大于 2.0m。多层小砌块房屋墙体交接处或芯柱与墙体连接处应设置拉结钢筋网片，网片可采用直径 4mm 的钢筋点焊而成，沿墙高间距不大于 600mm，并应沿墙体水平通长设置。6、7 度时底部 1/3 楼层，8 度时底部 1/2 楼层，9 度时全部楼层，上述拉结钢筋网片沿墙高间距不大于 400mm。

小砌块房屋中替代芯柱的钢筋混凝土构造柱，构造柱截面不宜小于 190mm×190mm，纵向钢筋宜采用 $4\phi12$，箍筋间距不宜大于 250mm，且在柱上下端应适当加密；6、7 度时超过 5 层、8 度时超过 4 层和 9 度时，构造柱纵向钢筋宜采用 $4\phi14$，箍筋间距不应大于 200mm；外墙转角的构造柱可适当加大截面及配筋。构造柱与砌块墙连接处应砌成马牙槎，与构造柱相邻的砌块孔洞，6 度时宜填实，7 度时应填实，8、9 度时应填实并插筋。构造柱与砌块墙之间沿墙高每隔 600mm 设置 $\phi4$ 点焊拉结钢筋网片，并应沿墙体水平通长设置。6、7 度时底部 1/3 楼层，8 度时底部 1/2 楼层，9 度全部楼层，上述拉结钢筋网片沿墙高间距不大于 400mm。构造柱与圈梁连接处，构造柱的纵筋应在圈梁纵筋内侧穿过，保证构造柱纵筋上下贯通。构造柱可不单独设置基础，但应伸入室外地面下 500mm，或与埋深小于 500mm 的基础圈梁相连。

2. 圈梁抗震措施

多层小砌块房屋的现浇钢筋混凝土圈梁的设置位置应按国家标准《砌体结构设计规范》GB 50003 规定的多层砖砌体房屋圈梁的要求执行，圈梁宽度不应小于 190mm，配筋不应少于 $4\phi12$，箍筋间距不应大于 200mm。多层小砌块房屋的层数，6 度时超过 5 层、7 度时超过 4 层、8 度时超过 3 层和 9 度时，在底层和顶层的窗台标高处，沿纵横墙应设置通长的水平现浇钢筋混凝土带；其截面高度不小于 60mm，纵筋不少于 $2\phi10$，并应有分布拉结钢筋；其混凝土强度等级不应低于 C20。水平现浇混凝土带亦可采用槽形砌块替代模板，其纵筋和拉结钢筋不变。

3. 砌块砌体结构抗震详图（图 4.27～图 4.36）

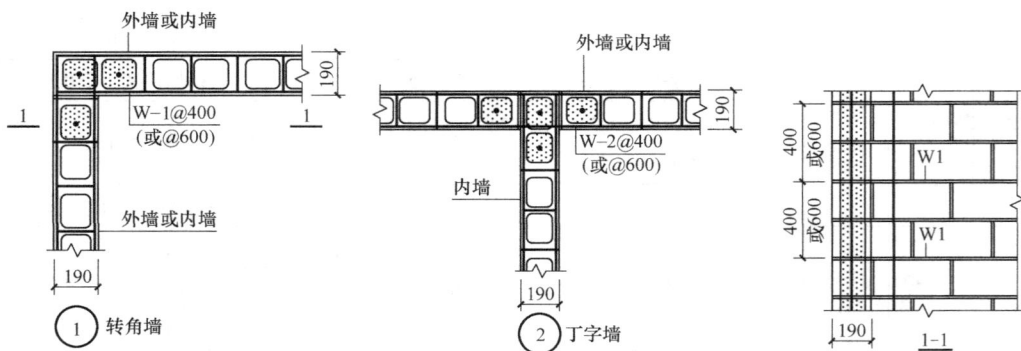

图 4.27　承重墙与拉结钢筋网片的构造（一）

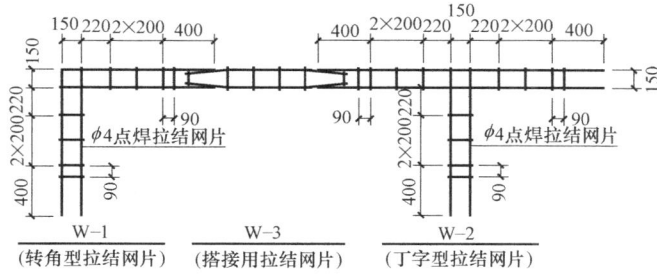

图 4.28　承重墙的拉结钢筋网片

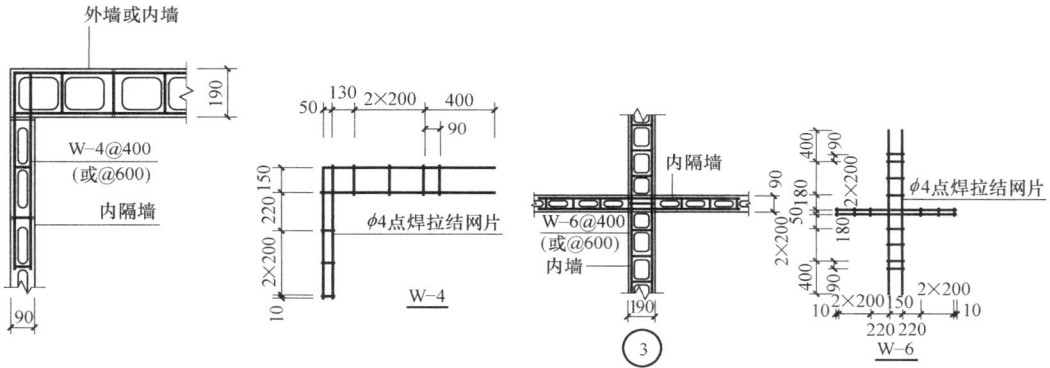

图 4.29　后砌隔墙的拉结钢筋网片

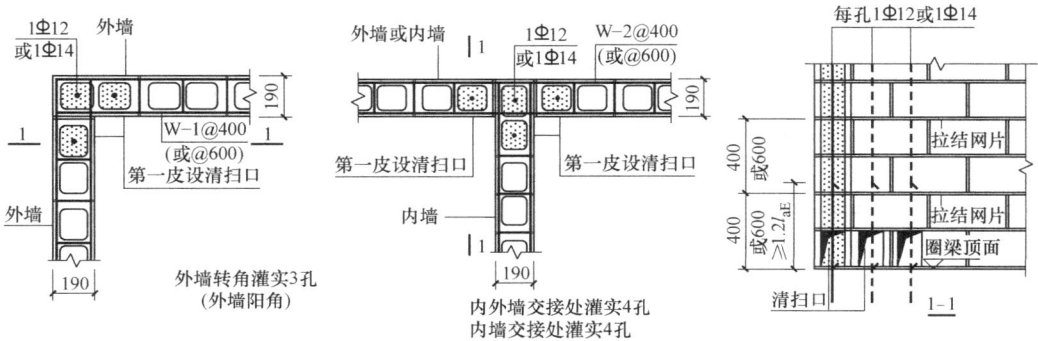

图 4.30　芯柱节点和配筋

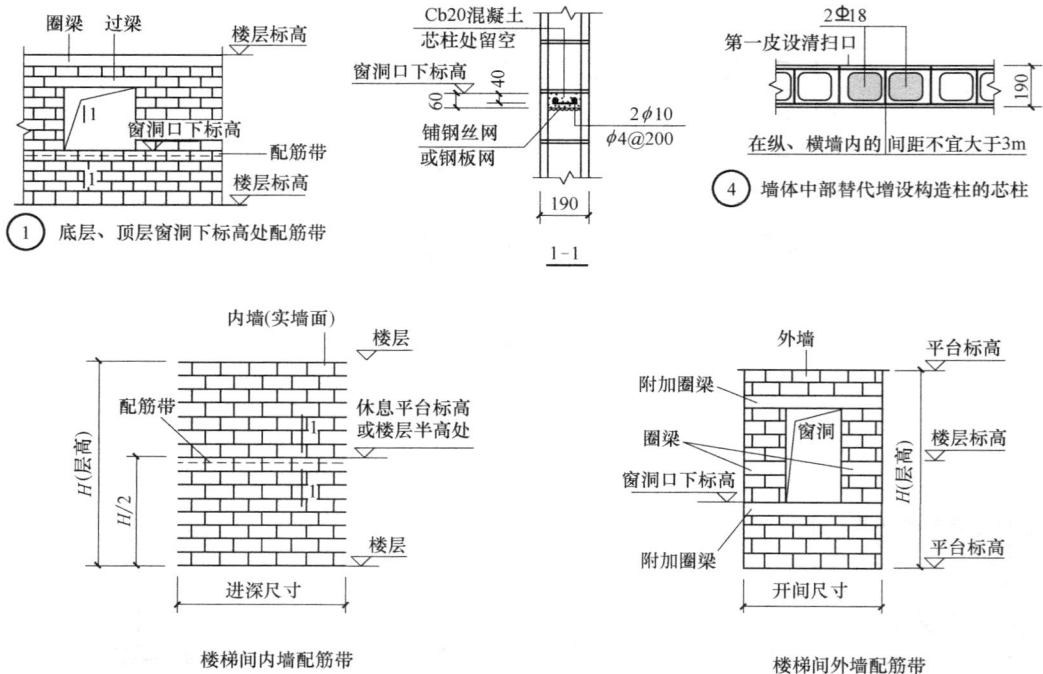

图 4.31　现浇钢筋混凝土带

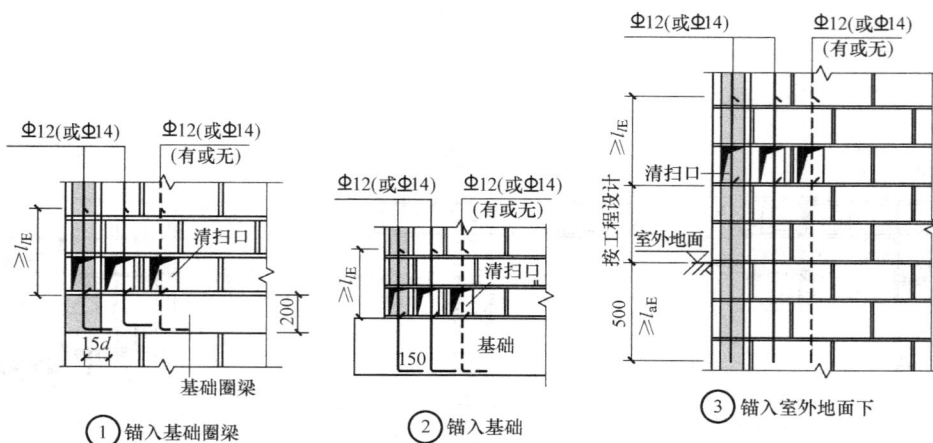

图 4.32　芯柱纵向钢筋的锚固

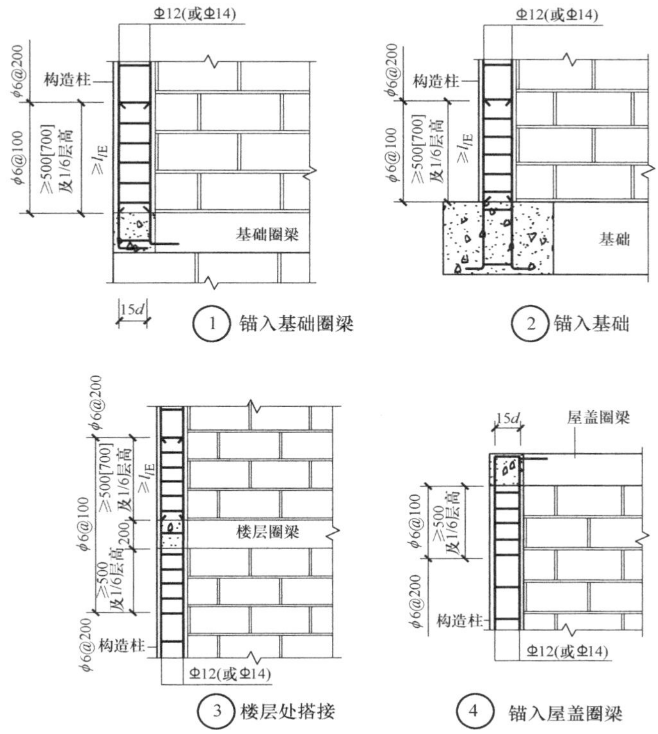

图 4.33 构造柱纵向钢筋的搭接和锚固

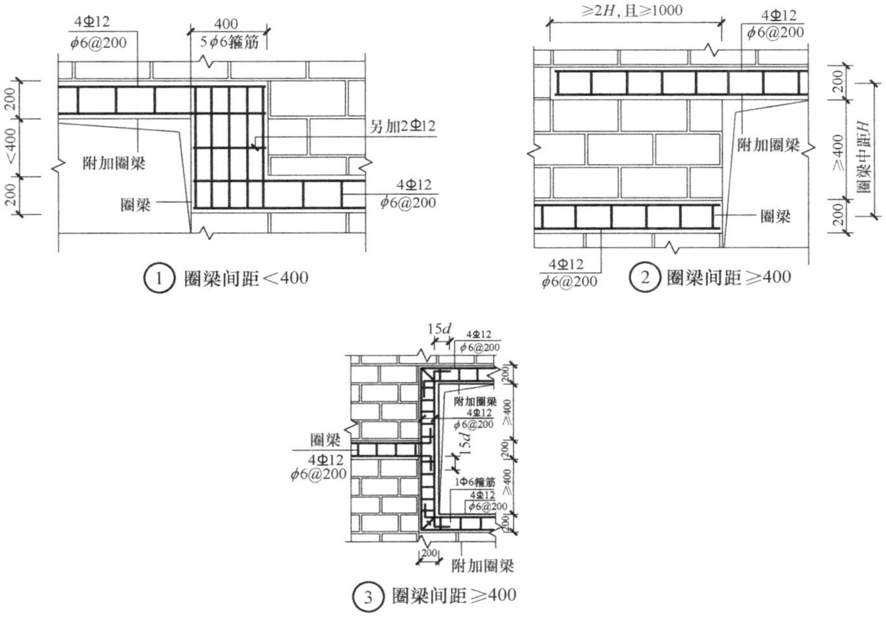

图 4.34 圈梁与附加圈梁的连接构造

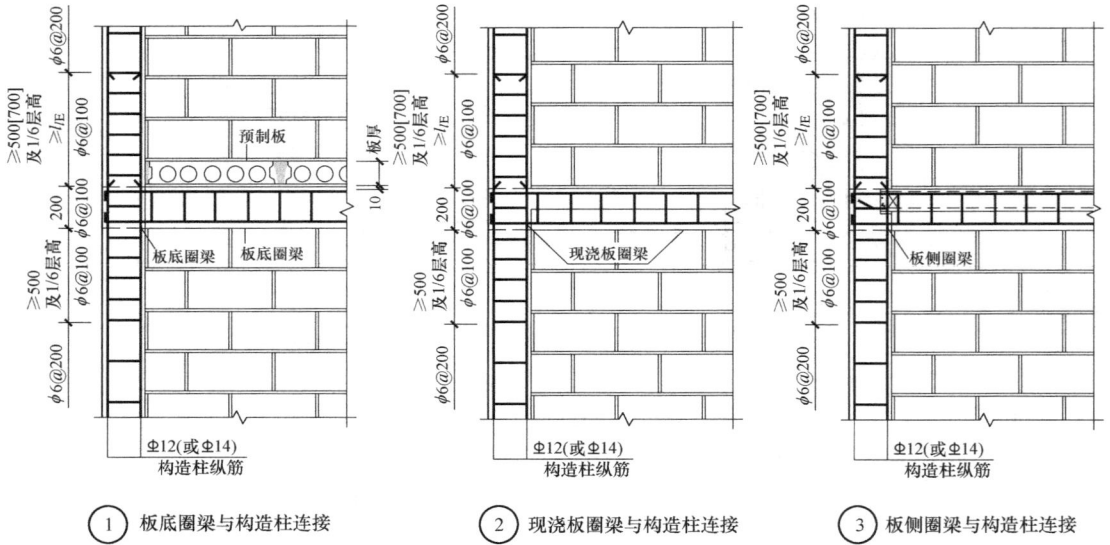

图 4.35　圈梁与构造的连接

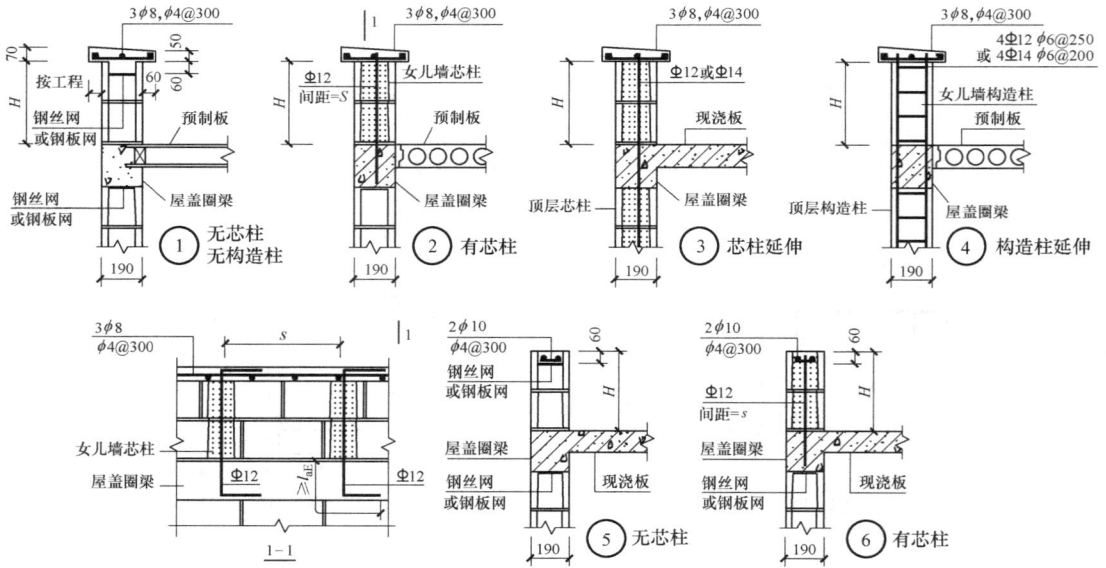

图 4.36　女儿墙芯柱、构造柱节点

4.7　底部框架—抗震墙砌体结构抗震构造及详图

1. 底部框架—抗震墙砌体结构抗震构造措施

底部框架—抗震墙砌体房屋的上部墙体应设置钢筋混凝土构造柱或芯柱，并应符合下列要求：钢筋混凝土构造柱、芯柱的设置部位，应根据房屋的总层数分别按规定设置。砖砌体墙中构造柱截面不宜小于 240mm×240mm（墙厚 190mm 时为 240mm×190mm）；构造柱的纵向钢筋不宜少于 4φ14，箍筋间距不宜大于 200mm；芯柱每孔插筋不应小于 1φ14，芯柱之间沿墙高应每隔 400mm 设 φ4 焊接钢筋网片。构造柱、芯柱应与每层圈梁连接，或与现浇楼板可靠拉结。

过渡层墙体的构造中，上部砌体墙的中心线宜与底部的框架梁、抗震墙的中心线相重合；构造柱或芯柱宜与框架柱上下贯通。过渡层应在底部框架柱、混凝土墙或约束砌体墙的构造柱所对应处设置构造柱或芯柱；墙体内的构造柱间距不宜大于层高；芯柱最大间距不宜大于 1m。过渡层构造柱的纵向钢筋，6、7 度时不宜少于 4φ16，8 度时不宜少于 4φ18。过渡层芯柱的纵向钢筋，6、7 度时不宜少于每孔 1φ16，8 度时不宜少于每孔 1φ18。一般情况下，纵向钢筋应锚入下部的框架柱或混凝土墙内；当纵向钢筋锚固在托墙梁内时，托墙梁的相应位置应加强。过渡层的砌体墙在窗台标高处，应设置沿纵横墙通长的水平现浇钢筋混凝土带；其截面高度不小于 60mm，宽度不小于墙厚，纵向钢筋不少于 2φ10，横向分布筋的直径不小于 6mm 且其间距不大于 200mm。此外，砖砌体墙在相邻构造柱间的墙体，应沿墙高每隔 360mm 设置 2φ6 通长水平钢筋和 φ4 分布短筋平面内点焊组成的拉结网片或 φ4 点焊钢筋网片，并锚入构造柱内；小砌块砌体墙芯柱之间沿墙高应每隔 400mm 设置 φ4 通长水平点焊钢筋网片。过渡层的砌体墙，凡宽度不小于 1.2m 的门洞和 2.1m 的窗洞，洞口两侧宜增设截面不小于 120mm×240mm（墙厚 190mm 时为 120mm×190mm）的构造柱或单孔芯柱。当过渡层的砌体抗震墙与底部框架梁、墙体不对齐时，应在底部框架内设置托墙转换梁，并且过渡层砖墙或砌块墙应采取更高的加强措施。

底部框架—抗震墙砌体房屋的底部采用钢筋混凝土墙时，墙体周边应设置梁（或暗梁）和边框柱（或框架柱）组成的边框；边框梁的截面宽度不宜小于墙板厚度的 1.5 倍，截面高度不宜小于墙板厚度的 2.5 倍；边框柱的截面高度不宜小于墙板厚度的 2 倍。墙板的厚度不宜小于 160mm，且不应小于墙板净高的 1/20；墙体宜开设洞口形成若干墙段，各墙段的高宽比不宜小于 2。墙体的竖向和横向分布钢筋配筋率均不应小于 0.30%，并应采用双排布置；双排分布钢筋间拉筋的间距不应大于 600mm，直径不应小于 6mm。

当 6 度设防的底层框架—抗震墙砖房的底层采用约束砖砌体墙时，砖墙厚不应小于 240mm，砌筑砂浆强度等级不应低于 M10，应先砌墙后浇框架。沿框架柱每隔 300mm 配置 2φ8 水平钢筋和 φ4 分布短筋平面内点焊组成的拉结网片，并沿砖墙水平通长设置；在墙体半高处尚应设置与框架柱相连的钢筋混凝土水平系梁。墙长大于 4m 时和洞口两侧，应在墙内增设钢筋混凝土构造柱。

当 6 度设防的底层框架—抗震墙砌块房屋的底层采用约束小砌块砌体墙时，墙厚不应小于 190mm，砌筑砂浆强度等级不应低于 Mb10，应先砌墙后浇框架。沿框架柱每隔 400mm 配置 2φ8 水平钢筋和 φ4 分布短筋平面内点焊组成的拉结网片，并沿砌块墙水平通长设置；在墙体半高处尚应设置与框架柱相连的钢筋混凝土水平系梁，系梁截面不应小于 190mm×190mm，纵筋不应小于 4φ12，箍筋直径不应小于 6mm，间距不应大于 200mm。墙体在门、窗洞口两侧应设置芯柱，墙长大于 4m 时，应在墙内增设芯柱。

底部框架—抗震墙砌体房屋的框架柱的截面不应小于 400mm×400mm，圆柱直径不应小于 450mm。柱的轴压比，6 度时不宜大于 0.85，7 度时不宜大于 0.75，8 度时不宜大于 0.65。柱的纵向钢筋最小总配筋率，当钢筋的强度标准值低于 400MPa 时，中柱在 6、7 度时不应小于 0.9%，8 度时不应小于 1.1%；边柱、角柱和混凝土抗震墙端柱在 6、7

度时不应小于 1.0%，8 度时不应小于 1.2%。柱的箍筋直径，6、7 度时不应小于 8mm，8 度时不应小于 10mm，并应全高加密箍筋，间距不大于 100mm。柱的最上端和最下端组合的弯矩设计值应乘以增大系数，一、二、三级的增大系数应分别按 1.5、1.25 和 1.15 采用。

底部框架—抗震墙砌体房屋的楼盖，过渡层的底板应采用现浇钢筋混凝土板，板厚不应小于 120mm；并应少开洞、开小洞，当洞口尺寸大于 800mm 时，洞口周边应设置边梁。其他楼层，采用装配式钢筋混凝土楼板时均应设现浇圈梁；采用现浇钢筋混凝土楼板时应允许不另设圈梁，但楼板沿抗震墙体周边均应加强配筋并应与相应的构造柱可靠连接。

底部框架—抗震墙砌体房屋的钢筋混凝土托墙梁，梁的截面宽度不应小于 300mm，梁的截面高度不应小于跨度的 1/10。箍筋的直径不应小于 8mm，间距不应大于 200mm；梁端在 1.5 倍梁高且不小于 1/5 梁净跨范围内，以及上部墙体的洞口处和洞口两侧各 500mm 且不小于梁高的范围内，箍筋间距不应大于 100mm。沿梁高应设腰筋，数量不应少于 2ϕ14，间距不应大于 200mm。梁的纵向受力钢筋和腰筋应按受拉钢筋的要求锚固在柱内，且支座上部的纵向钢筋在柱内的锚固长度应符合钢筋混凝土框支梁的有关要求。底部框架—抗震墙砌体房屋的材料强度等级，应符合下列要求：框架柱、混凝土墙和托墙梁的混凝土强度等级，不应低于 C30。过渡层砌体块材的强度等级不应低于 MU10，砖砌体砌筑砂浆强度的等级不应低于 M10，砌块砌体砌筑砂浆强度的等级不应低于 Mb10。

2. 底部框架—抗震墙砌体结构抗震详图（图 4.37～图 4.40）

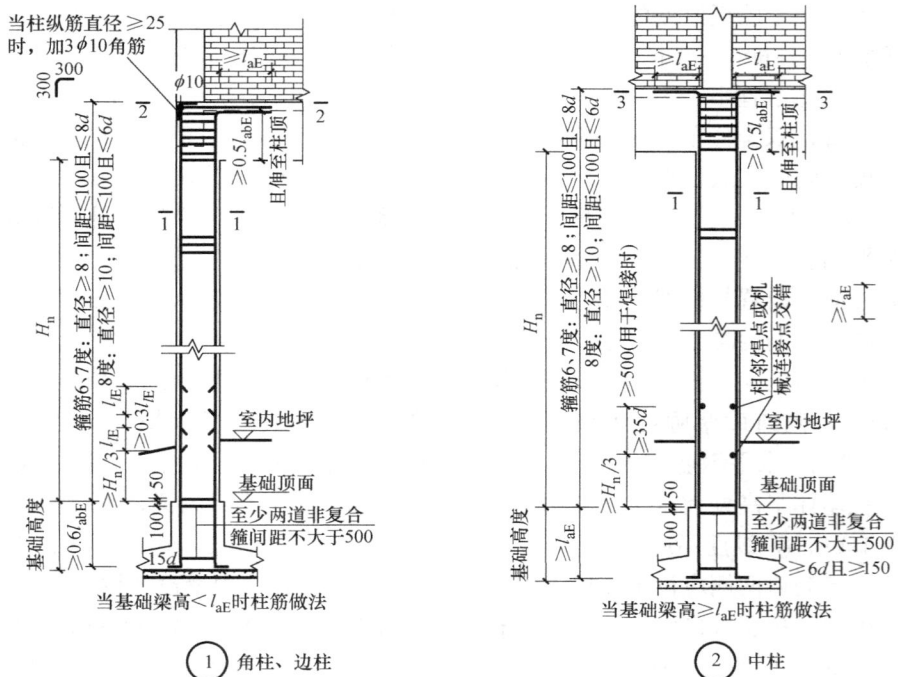

图 4.37　底层框架柱纵筋的连接

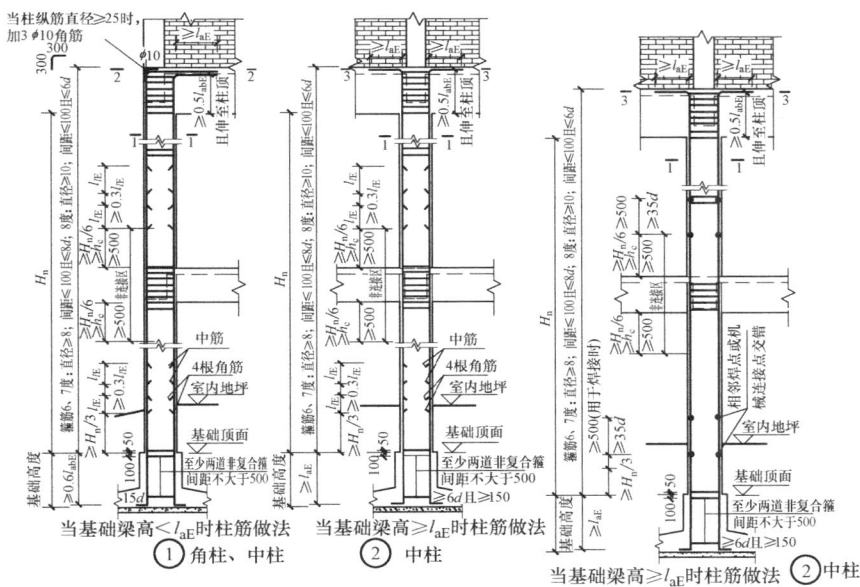

图 4.38 底部两层框架柱纵筋的连接

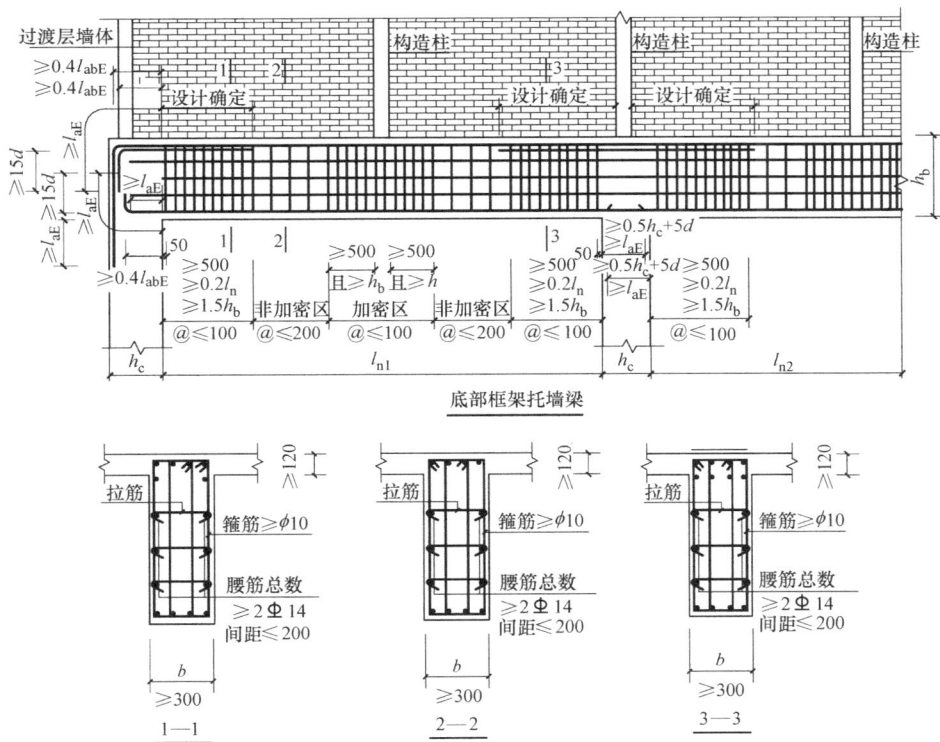

图 4.39 底部框架托墙

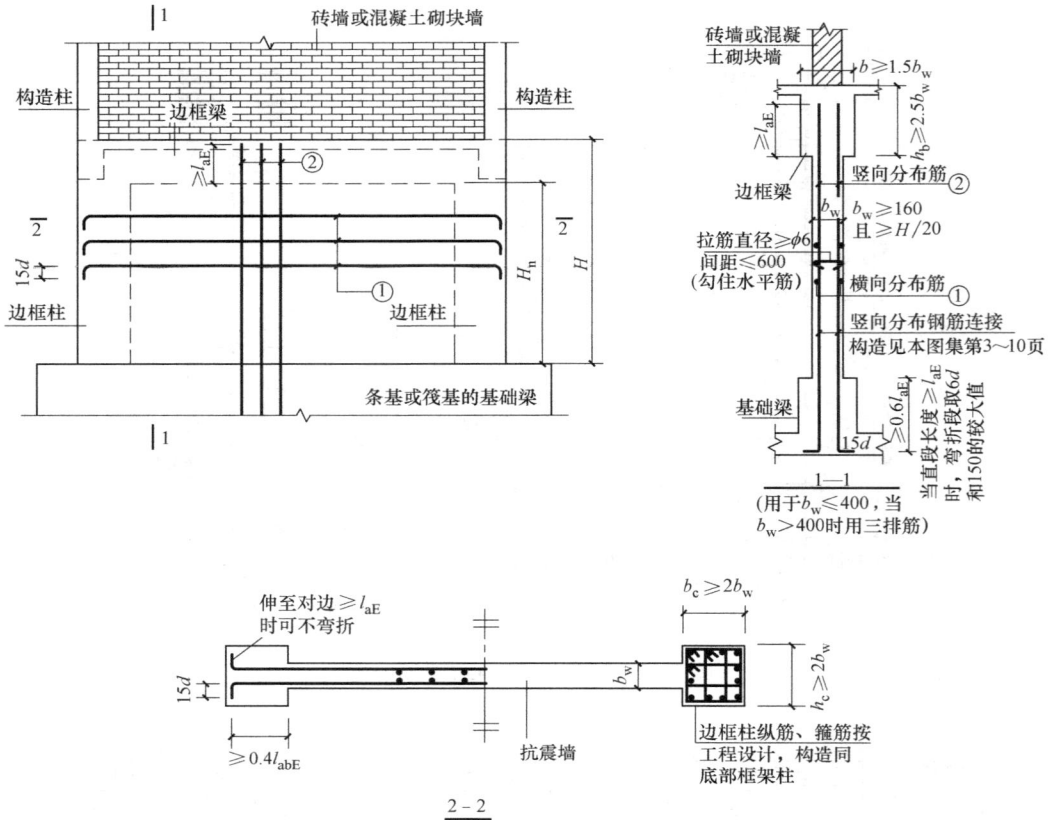

图 4.40　底部钢筋混凝土抗震墙

思　考　题

1. 砌体结构的主要震害是什么？其发生机理如何？
2. 简述砌体结构的抗震设计要点。
3. 简述砌体结构抗震构造的一般规定。
4. 简述砌体结构抗震措施的具体做法。

第五章 多层和高层钢筋混凝土结构抗震构造

5.1 钢筋混凝土结构震害分析

在强震作用下，建筑物的破坏机理和过程是十分复杂的，迄今为止还不能完全用理论与计算分析加以解释。因此，要正确地进行多层和高层建筑的抗震设计，就必须总结各类建筑在历次大地震中的震害特点，从中汲取经验教训，这是十分重要的。

1. 结构布置不合理而产生的震害

扭转破坏：如果建筑物的平面布置不当而造成刚度中心和质量中心有较大的不重合，或者结构沿竖向刚度有过大的突然变化，则极易使结构在地震时产生严重破坏。这是由于过大的扭转反应或变形集中而引起的。

1976年唐山地震时，位于天津市的一幢平面为L形的建筑（图5.1），由于不对称而产生了强烈的扭转反应，导致离转动中心较远的东南角和东北角处严重破坏；东南角柱产生纵向裂缝，导致钢筋外露；东北角柱处梁柱节点的混凝土酥裂。唐山地震时，一个平面如图5.2（a）所示的框架厂房产生了强烈的扭转反应，导致第二层的十一根柱产生严重的破坏（图5.2b）。该厂房的电梯间设置在房屋的一端，引起严重的刚度不对称。

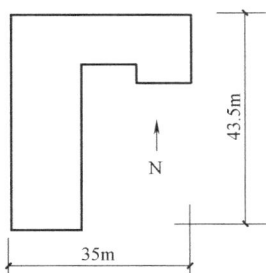

图5.1 平面为L形的建筑

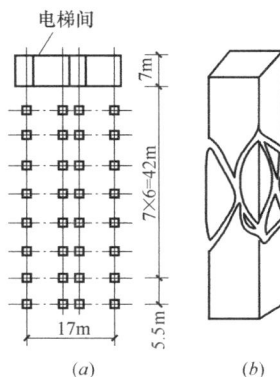

图5.2 框架厂房平面和柱的破坏

薄弱层破坏：某结构的立面如图5.3所示，底部两层为框架，以上各层为钢筋混凝土抗震墙和框架，上部刚度比下部刚度大10倍左右。这种竖向的刚度突变导致地震时结构的变形集中在底部两层，使底层柱严重酥裂，钢筋压曲，第二层偏移达600mm。震害调查表明，结构刚度沿高度方向的突变，会使破坏集中在刚度薄弱的楼层，对抗震是不利的。1995年日本阪神地震时，大量的20层左右的高层建筑在第五层处倒塌（图5.4），这是因为日本的旧抗震规范允许刚度在第五层以上较弱。具有薄弱底层的房屋，易在地震时倒塌。图 5.5 和图 5.6 示出了两种倒塌的形式。

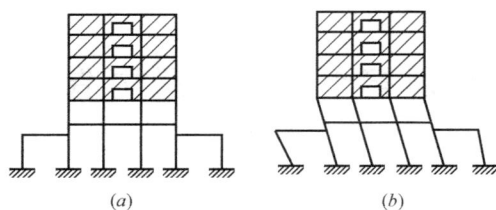

图 5.3 底部框架结构的变形
（a）变形前；（b）变形后

图 5.4 高层建筑在第五层破坏严重

图 5.5 软弱底层房屋倒塌（倾倒）

图 5.6 软弱底层房屋底层完全倒塌

应力集中：结构竖向布置产生很大的突变时，在突变处由于应力集中会产生严重震害，如图 5.7 所示。

图 5.7 阪神地震时由应力集
中而产生的震害

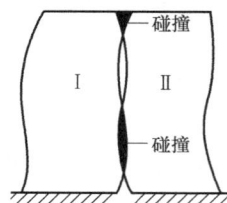

图 5.8 防震缝两侧结构单元的碰撞

防震缝处碰撞：防震缝如果宽度不够，其两侧的结构单元在地震时就会相互碰撞而产生震害（图 5.8）。例如唐山地震时，北京民航大楼防震缝处的女儿墙被碰坏；北京饭店西楼伸缩缝处的贴假砖柱脱落，内填充墙侧移达 50mm。在相同条件下，缝宽达 600mm

的北京饭店东楼则未出现碰撞引起的震害。

　　共振效应引起的震害：在1976年的唐山地震中，位于塘沽地区（烈度为8度）的7～10层框架结构，因其自振周期（0.6～1.0s）与该场地土（海滨）的自振周期（0.6～1.0s）相一致，发生共振，导致该类框架破坏严重。

　　2. 框架结构的震害

　　整体破坏形式：框架的整体破坏形式按破坏性质可分为延性破坏和脆性破坏，按破坏机制可分为梁铰机制（强柱弱梁型）和柱铰机制（强梁弱柱型），见图5.9。梁铰机制即塑性铰出现在梁端，此时结构能经受较大的变形，吸收较多的地震能量。柱铰机制即塑性铰出现在柱端，此时结构的变形往往集中在某一薄弱层，整个结构变形较小。

　　局部破坏形式：构件塑性铰处的破坏，构件在受弯和受压破坏时会出现这种情况。在塑性铰处，混凝土会发生严重剥落，并且钢筋会向外鼓出。框架柱的破坏一般发生在柱的上下端，以上端的破坏更为常见。其表现形式为混凝土压碎，纵筋受压屈曲（图5.10、图5.11）。构件的剪切破坏：当构件的抗剪强度较低时，会发生脆性的剪切破坏（图5.12）。节点的破坏：节点的配筋或构造不当时，会出现十字交叉裂缝形式的典型

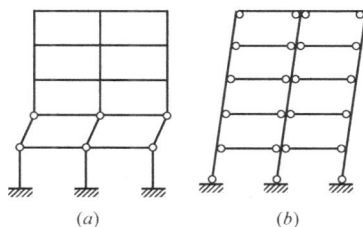

图 5.9　框架结构的变形
（a）柱铰机制；（b）梁铰机制

剪切破坏（图5.13），后果往往较严重。节点区箍筋过少或节点区钢筋过密都会引起节点区的破坏。短柱破坏：柱子较短时，剪跨比过小，刚度较大，柱中的地震剪力也较大，容易导致柱的脆性剪切破坏（图5.14）。

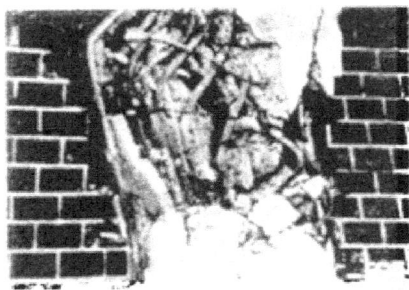

图 5.10　柱的剪切破坏

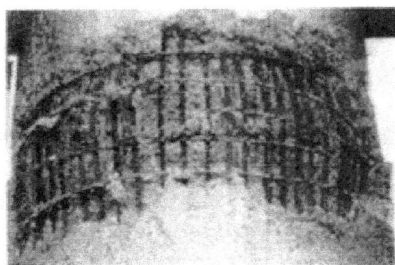

图 5.11　节点的破坏

图 5.12　柱的剪切破坏

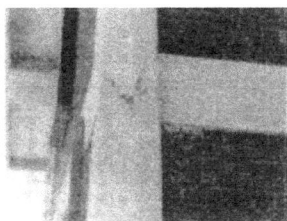

图 5.13　节点破坏

图 5.14　短柱破坏

3. 具有抗震墙的结构的震害

震害调查表明，抗震墙结构的抗震性能是较好的，震害一般较轻。高层结构抗震墙的破坏有以下一些类型：①抗震墙的底部发生破坏，表现为受压区混凝土的大片压碎剥落，钢筋压屈。②墙体发生剪切破坏（图 5.15）。③抗震墙墙肢之间的连梁产生剪切破坏（图 5.16）。墙肢之间是抗震墙结构的变形集中处，故连梁很容易产生破坏。

图 5.15　抗震墙的剪切破坏

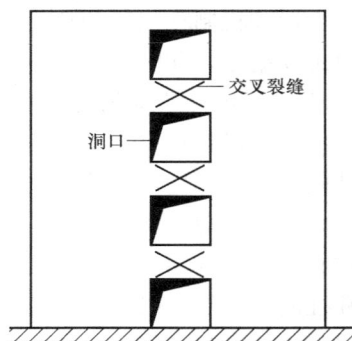

图 5.16　墙肢连梁的破坏

5.2　钢筋混凝土结构的受力特点

钢筋混凝土框架——抗震墙结构由框架和抗震墙两种不同的抗侧力结构组成，这两种结构的受力特点和变形性质都不相同。如图 5.17 所示，抗震墙是竖向悬臂弯曲结构，其变形曲线是弯曲型，如同竖向悬臂梁，楼层越高水平位移增长越快。框架的工作特点类似于竖向悬臂剪切梁，其变形曲线为剪切型，楼层越高水平位移增长越慢。

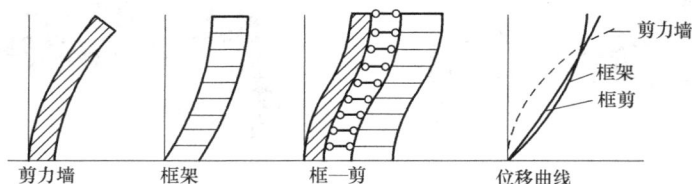

图 5.17　框架结构的受力特点

框架——抗震墙结构在同一结构单元中，通过平面内刚度无限大的楼板连接在一起，使两者不能再自由变形，在不考虑扭转的情况下，它们在同一楼层上的位移必须相同，使得框剪结构的位移曲线就成了一条反 S 形的曲线。

在下部楼层，抗震墙的位移较小，它拉着框架按弯曲型曲线变形，抗震墙承受大部水平力；上部楼层则相反，抗震墙位移越来越大，有外倒的趋势；而框架则呈内收的趋势，框架拉抗震墙按剪切型曲线变形，框架除了负担外荷载产生的水平力外，还额外负担了把抗震墙拉回来的附加水平力。所以，在上部楼层，即使外荷载产生的楼层剪力较小，框架中也出现相当大的剪力。

由图 5.18 可见，沿竖向抗震墙和框架之间水平力的分配比例 V_W/V_F 并不是一个定值，它随楼层的高度改变。因此，水平力在框架和抗震墙之间，应按位移协调的原则进行计算。

在框架—抗震墙结构中的框架，受力情况不同于纯框架结构中的框架（图 5.19）。纯框架结构中，每片框架的剪力都是下大上小；而在框架-剪力墙结构中，框架所受的剪力却是下小中上大。

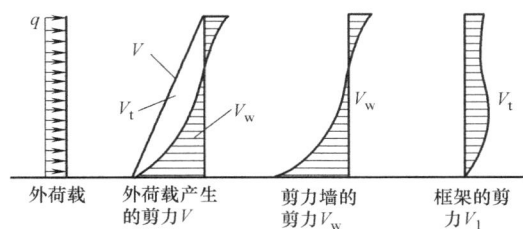

图 5.18　水平力在框架与抗震墙之间的分配　　图 5.19　框架的楼层剪力 V_t

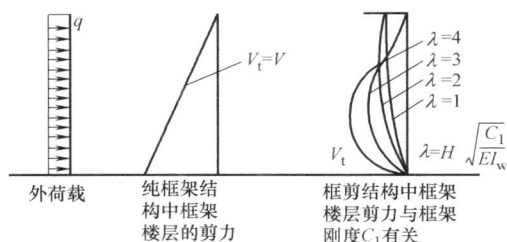

由图 5.19 可见，纯框架结构的控制部位在下部楼层；而框剪结构中的框架，控制部位在中部甚至是顶部楼层，两者的内力分布规律不同。由此可以得到两个重要的结论：

（1）纯框架结构设计完毕后，如果又增加了一些抗震墙，就必须按框架—抗震墙结构重新核算，否则不能保证框架部分的中部和上部楼层的安全；

（2）在结构中增设了抗震墙、电梯井等弯曲型构件，就必须按框架—抗震墙结构进行内力计算，不能简单地按框架结构计算。不考虑它们受力不一定就安全，相反，设计结果是框架中部、上部楼层剪力偏小，则该结构偏于不安全。

框架—抗震墙结构具有多道防线的抗震性能。多遇的"地震"作用时，抗震墙作第一道防线对抗震起主要作用。预估的基本烈度的地震在作用时，抗震墙则会开裂，其刚度有一定的退化，地震作用由框架与抗震墙共同承担。罕遇地震作用时抗震墙刚度大幅度退化，但仍具有一定的耗能作用，结构刚度降低也会减小地震力，此时框架承担的地震作用将增大，框架作为第二道防线将起到保持结构稳定及防止倒塌的作用。

5.3　框架—抗震墙结构的内力分析

5.3.1　基本计算假定

根据框架—抗震墙结构的工作特点，可以得到计算的两个基本假定：

（1）在同一楼层上，框架和抗震墙的水平位移相等：$u_w = u_f$（这里不考虑扭转的影响）。

（2）荷载的作用由抗震墙和框架共同承担，即

$$\left.\begin{array}{l} P = P_w + P_f \\ V = V_w + V_f \end{array}\right\} \tag{5.1}$$

　　抗震墙与框架之间的连梁变形后，对抗震墙的轴线产生一个约束弯矩 m，这一弯矩与外荷载产生的弯矩方向相反，减少了抗震墙本身承受的弯矩，同时另一端提高了框架柱的剪切刚度，因此连梁的作用可以用剪切刚度来代表。

　　根据上述假定，框架—抗震墙结构的计算图形如图 5.20 所示。由于同一层楼各片框架和抗震墙的位移都相同，所以结构单元中所有的抗震墙可以合并为总抗震墙，作为一个竖向悬臂弯曲构件；所有的框架可以合并为一个总框架，相当于一个悬臂剪切构件；所有的连梁合并为总连梁，相当于一个附加的剪切刚度。总抗震墙、总框架和总连梁的刚度分别为各种类型结构的刚度之和：

$$\left.\begin{array}{l} EI_{\mathrm{w}} = \sum EI_{\mathrm{w}j} \\ C_{\mathrm{b}} = \sum C_{\mathrm{b}j} \\ C_{\mathrm{f}} = \sum C_{\mathrm{f}j} \end{array}\right\} \tag{5.2}$$

式中，$EI_{\mathrm{w}j}$ 为第 j 片抗震墙的刚度，可根据抗震墙的类型（实体墙、小开口墙和联肢墙）取其各自的等效刚度；$C_{\mathrm{f}j}$ 为第 j 片框架的剪切刚度；$C_{\mathrm{f}j} = D_j h$，D_j 为第 j 片框架的抗侧力刚度，h 为层高。$C_{\mathrm{b}j}$ 为第 j 列连梁的等效剪切刚度：

$$C_{\mathrm{b}j} = \frac{1}{h}(k_{12} + k_{21}) \tag{5.3}$$

　　由图 5.21 可见，在框架与抗震墙之间的连梁，一端连着抗震墙，一端连着框架。连着抗震墙的一端带有刚域，长度为 al；另一端则不带刚域。刚域长度 al 取墙肢轴线至洞边的距离减去梁高的 1/4。连梁的约束刚度为：

$$\left.\begin{array}{l} K_{12} = \dfrac{6(1+\alpha)}{(1-\alpha)^3} \dfrac{EI_{\mathrm{b}}}{l} \\[2mm] K_{21} = \dfrac{6}{(1-\alpha)^2} \dfrac{EI_{\mathrm{b}}}{l} \\[2mm] C_{\mathrm{b}j} = \dfrac{12}{(1-\alpha)^3} \dfrac{EI_{\mathrm{b}}}{lh} \end{array}\right\} \tag{5.4}$$

所以，

$$C_{\mathrm{b}j} = \frac{12}{(1-\alpha)^3} \frac{EI_{\mathrm{b}}}{lh} \tag{5.5}$$

计算连梁的弯曲刚度时，应考虑连梁的剪切变形予以折减。

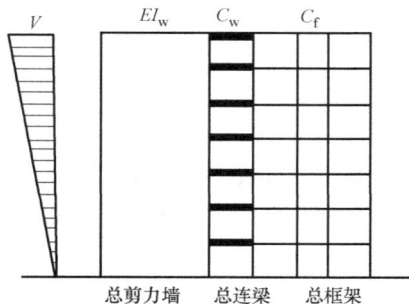

图 5.20　框剪结构的计算图形

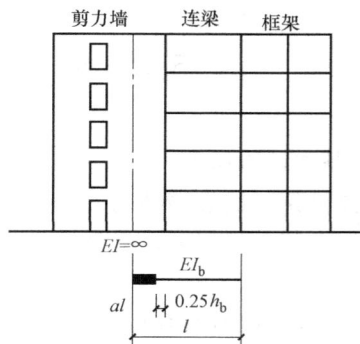

图 5.21　连梁的刚度

为了表达框架—抗震墙结构中框架与抗震墙刚度的比值，引入刚度特征 λ，

$$\lambda = H\sqrt{\frac{C_f + C_b}{EI_w}} \qquad (5.6)$$

当 $\lambda = 0$ 时，为抗震墙结构，随框架增多，λ 值也逐渐加大。连梁的梁端弯矩提高了框架柱的剪切刚度，相应增加了框架的剪切刚度 C_b。

5.3.2 用侧移法计算框架—抗震墙结构

1）采用简化法时，水平荷载作用下框剪结构中框架和抗震墙的总内力计算。

（1）均布荷载：

$$V_W = \frac{1}{\lambda}\left(\lambda \mathrm{ch}\lambda\xi - \frac{\lambda \mathrm{sh}\lambda + 1}{\mathrm{ch}\lambda}\mathrm{sh}\lambda\xi\right)qH = \varphi_W qH = \theta_W V_0 \qquad (5.7)$$

$$V_0 = qH \qquad (5.8)$$

$$V_t = (1-\xi)qH - V_W = \varphi_W qH \qquad (5.9)$$

$$M_W = \frac{1}{\lambda_2}\left(\frac{\lambda \mathrm{sh}\lambda}{\mathrm{ch}\lambda}\mathrm{ch}\lambda\xi - \lambda \mathrm{sh}\lambda\xi - 1\right)qH^2 = \frac{\varphi_M qH^2}{100} = \theta_M M_0 \qquad (5.10)$$

$$M_0 = \frac{1}{2}qH^2 \qquad (5.11)$$

（2）倒三角形分布荷载：

$$V_W = \frac{1}{\lambda^2}\left[1 + \left(\frac{\lambda^2}{2}-1\right)\mathrm{ch}\lambda\xi - \left(\frac{\lambda^2 \mathrm{sh}\lambda}{2} - \mathrm{sh}\lambda + \lambda\right)\frac{\mathrm{sh}\lambda\xi}{\mathrm{ch}\lambda}\right]q_{max}H \qquad (5.12)$$

$$= \varphi'_W q_{max}H = \theta'_W V_0 \qquad (5.13)$$

$$V_0 = \frac{1}{2}q_{max}H \qquad (5.14)$$

$$V_f = \frac{1}{2}(1-\xi^2)q_{max}H - V_W = \varphi'_F q_{max}H \qquad (5.15)$$

$$M_W = \frac{1}{\lambda^3}\left[\left(\frac{\lambda^2 \mathrm{sh}\lambda + 1}{2} - \mathrm{sh}\lambda + \lambda\right)\frac{\mathrm{ch}\lambda\xi}{\mathrm{ch}\lambda} - \left(\frac{\lambda^2}{2}-1\right)\mathrm{sh}\lambda\xi - \lambda\xi\right]q_{max}H^2$$

$$= \frac{\varphi'_M q_{max}H^2}{100} = \theta'_M M_0 \qquad (5.16)$$

$$M_0 = \frac{1}{3}q_{max}H^2 \qquad (5.17)$$

（3）顶点集中荷载：

$$V_W = (\mathrm{ch}\lambda\xi - \mathrm{th}\lambda \mathrm{sh}\lambda\xi)F = \varphi''_W F = \theta''_W F \qquad (5.18)$$

$$V_f = (1 - \varphi''_W)F = \varphi''_F F \qquad (5.19)$$

$$M_W = \frac{1}{\lambda}(\mathrm{th}\lambda \mathrm{ch}\lambda\xi - \mathrm{sh}\lambda\xi)FH = \varphi''_M FH = \theta''_M M_0 \qquad (5.20)$$

$$M_0 = FH \qquad (5.21)$$

式中 V_W——抗震墙总剪力；

      V_f——框架总剪力；

      M_W——抗震墙总弯矩；

      λ——刚度特征值，$\lambda = H\sqrt{\dfrac{C_F + C_b}{EI_{eq}}}$；

ξ——相对高度，$\xi = x/H$；

q——均布荷载；

q_{max}——倒三角形分布荷载的最大值；

F——顶点集中荷载；

φ_W，φ_M，φ_F——各种内力计算系数；

θ_W，θ_M——各种内力系数；

EI_{eq}——抗震墙总等效刚度。

2）采用简化法时，水平荷载作用下框架—抗震墙结构的位移计算。

（1）均布荷载作用下：

$$u_x = \frac{1}{\lambda^4}\left[\left(\frac{\lambda \mathrm{ch}\lambda + 1}{\mathrm{ch}\lambda}\right)(\mathrm{ch}\lambda\xi - 1) - \lambda \mathrm{sh}\lambda\xi + \lambda^2\left(\xi - \frac{\xi^2}{2}\right)\right]\frac{qH^4}{EI_{eq}}$$

$$= \frac{\varphi_u qH^4}{100EI_{eq}} = \theta u_t \tag{5.22}$$

（2）倒三角形分布荷载作用下：

$$u_x = \frac{1}{\lambda^2}\left[\left(\frac{\mathrm{sh}\lambda}{2\lambda} - \frac{\mathrm{sh}\lambda}{\lambda^3} + \frac{1}{\lambda^2}\right)\left(\frac{\mathrm{ch}\lambda\xi - 1}{\mathrm{ch}\lambda}\right) + \left(\xi - \frac{\mathrm{sh}\lambda\xi}{\lambda}\right) - \left(\frac{1}{2} - \frac{1}{\lambda^2}\right) - \frac{\xi^2}{6}\right]$$

$$\times \frac{q_{max}H^4}{EI_{eq}} = \frac{\varphi_u q_{max}H^4}{100EI_{eq}} = \theta' u_t \tag{5.23}$$

$$u_t = \frac{11q_{max}H^4}{120EI_{eq}} \tag{5.24}$$

（3）顶点集中荷载作用下：

$$u_x = \left[\frac{\mathrm{sh}\lambda}{\lambda^3\mathrm{ch}\lambda}(\mathrm{ch}\lambda\xi - 1) - \frac{\mathrm{sh}\lambda\xi}{\lambda^3} + \frac{\xi}{\lambda^2}\right]\frac{FH^3}{EI_{eq}} = \frac{\varphi'' FH^3}{100EI_{eq}} = \theta' u_t \tag{5.25}$$

$$u_t = \frac{FH^3}{3EI_{eq}} \tag{5.26}$$

式中 u_x——高度 x 处的水平位移；

u_t——顶点水平位移；

EI_{eq}——抗震墙总等效刚度；

φ_u——位移计算系数；

θ——位移系数。

3）框架—抗震墙结构经协同工作计算框架分得剪力后，当考虑与抗震墙相连的框架连梁总等效刚度 C_b 时，按下列公式计算框架总剪力和连梁的楼层平均总约束弯矩。

框架总剪力：

$$V_f = \frac{C_F}{C_F + C_b}V_F \tag{5.27}$$

连梁的楼层平均总约束弯矩：

$$\widetilde{m} = \frac{C_b}{C_F + C_b}V_F = V_F - V'_F \tag{5.28}$$

式中 $\widetilde{m}$——连梁沿楼层平均总约束弯矩；

V_f、V'_F——由协同工作分配框架（包括约束梁）的剪力值和框架的总剪力；

C_F、C_b——框架总刚度和与抗震墙相连的框架连梁总等效刚度。

5.4 框架—抗震结构中框架的剪力调整

目前，不论是采用手算方法还是计算机方法，计算中都采用了楼板平面内刚度无限大的假定，即认为楼板在自身平面内是不变形的。但是在框架—抗震墙结构中，作为主要侧向支承的抗震墙间距比较大，实际上楼板是有变形的，变形的结构将使框架部分的水平位移大于抗震墙的水平位移，相应地，框架实际承受的水平力大于采用刚性楼板假定的计算结果。

另外，抗震墙的刚度大，承受了大部分水平力，因而在地震作用下，抗震墙会首先开裂，刚度降低，从而使一部分地震力向框架转移，框架受到的地震作用会显著增加。

由内力分析可知，框架—抗震墙结构中的框架受力情况不同于纯框架结构中的框架，它下部楼层的计算剪力很小，其底部接近于零。显然，直接按照计算的剪力进行配筋是不安全的，必须予以适当的调整，使框架具有足够的抗震能力，使框架成为框架—抗震墙结构的第二道防线。

抗震设计时，框架—抗震墙结构计算所得的框架楼层总剪力 V_f（即各框架柱剪力之和）应按下列方法调整：

1）规则建筑中的楼层按下列方法调整框架的总剪力：

（1）$V_f \geqslant 0.2V_0$ 的楼层不必调整，V_f 可按计算值采用。

（2）$V_f \leqslant 0.2V_0$ 的楼层，设计时 V_f 取下列两者的较小值：

其中，V_0 为地震作用产生的结构底部总剪力；V_{fmax} 为框架部分各层承受地震剪力中的最大值。

2）当侧向刚度小于下一层的 70% 时，该层及以上各层框架地震剪力不应小于按计算分析的本层框架地震剪力的 2 倍。

3）当采用反应谱振型分解法时，可在内力振型组合后进行一次总的调整。这时，V_f 取各振型的组合，V_0 取各振型剪力的组合。

4）进行调整时，首先计算各层的调整系数 η，η 取下列数值的较小者：

$$\left.\begin{aligned} \eta &= 0.2\frac{V_0}{V_f} \\[2ex] \eta &= 1.5\frac{V_{fmax}}{V_f} \end{aligned}\right\} \tag{5.29}$$

式中 η——本层框架剪力的放大系数。

用 η 乘以本层柱的弯矩、剪力计算值，即得调整后的内力值。梁上、下两层的调整系数往往不同，可取上、下楼层的平均值。用平均的 η 乘以梁的弯矩和剪力，得到调整后的内力。

柱的轴力可不调整。框架剪力的调整是框架—抗震墙结构进行内力计算后，为提高框架部分承载力的一种人为的措施，是调整截面设计用的内力设计值，所以调整后，节点弯矩与剪力不再保持平衡，也不必再重新分配节点弯矩。

5.5　钢筋混凝土结构抗震设计的一般规定

1. 现浇钢筋混凝土房屋的结构类型和最大高度

多层和高层钢筋混凝土结构体系包括框架结构、抗震墙结构、框架—抗震墙结构、简体结构和框架—简体结构等。

框架结构的特点是结构自身重量轻，适合于要求房屋内部空间较大、布置灵活的场合。整体重量的减轻能有效减小地震作用。如果设计合理，框架结构的抗震性能一般较好，能达到很好的延性。但同时由于侧向刚度较小，地震时水平变形较大，易造成非结构构件的破坏。结构较高时，过大的水平位移引起的 P—A 效应也较大，从而使结构的损伤更为严重，故框架结构的高度不宜过高。框架结构中的砖填充墙常常在框架仅有轻微损坏时就发生严重破坏，但设计合理的框架仍具有较好的抗震性能。在 8 度地震区，纯框架结构可用于 12 层（40m 高）以下、体形较简单、刚度较均匀的房屋，而对高度较大、设防烈度较高、体形较复杂的房屋，及对建筑装饰要求较高的房屋和高层建筑，应优先采用框架—抗震墙结构或抗震墙结构。

抗震墙结构是由钢筋混凝土墙体承受竖向荷载和水平荷载的结构体系。具有整体性能好、抗侧移刚度大和抗震性能好等优点，且该类结构无突出墙面的梁、柱，可降低建筑层高，充分利用空间，特别适合于 20～30 层的多高层住宅、旅馆等建筑。缺点是具有大面积的墙体，限制了建筑物内部平面布置的灵活性。

在抗震墙结构中，为满足在底层设商店等大空间的需要，常把底部一至几层改为框架结构或框架抗震墙结构，称之为底部大空间抗震墙结构。这种结构的抗震性能较差，故须对其高度和底部抗侧移刚度进行限制。

框架—抗震墙结构的特点是在一定程度上克服了纯框架和纯抗震墙结构的缺点、发挥了各自的长处。刚度较大，自重较轻，平面布置较灵活，并且结构的变形较均匀。抗震性能较好，多用于 10～20 层的办公楼和旅馆建筑。

此外，还有简体结构、巨型框架结构和悬索结构等。

各种结构体系适用的最大高度见表 5.1。对平面和竖向均不规则的结构或Ⅳ类场地上的结构，适用的最大高度应适当降低。

在选择结构体系时，应尽量使其基本周期错开地震动卓越周期，一般房屋的基本自振周期应比地震动卓越周期大 1.5～4.0 倍，以避免共振效应。自振周期过短，即刚度过大，会导致地震作用增大，增加结构自重及造价；若自振周期过长，即结构过柔，则结构会发生过大变形。一般地讲，高层房屋建筑基本周期的长短与其层数成正比，并与采用的结构体系密切相关。就结构体系而言，采用框架体系时周期最长，框架—抗震墙次之，抗震墙体系最短，设计时应采用合理的结构体系并选择适宜的结构刚度。

楼盖在其平面内的刚度应足够大，以使水平地震力能通过楼盖平面进行分配和传递。因此，应优先选用现浇楼盖，其次是装配整体式楼盖，最后才是装配式楼盖。《抗震规范》规定，框架—抗震墙和板柱抗震墙结构中，抗震墙之间无大洞口的楼、屋盖的长宽比不宜超过表 5.1 中规定的数值；超过时，应考虑楼盖平面内变形的影响。

钢筋混凝土高层建筑的最大适用高度　　　　　　表 5.1

结构类型		烈　　度				
		6 度	7 度	8 度(0.2g)	8 度(0.3g)	9 度
框架		60	50	40	35	24
框架—抗震墙		130	120	100	80	50
抗震墙		140	120	100	80	60
部分框支抗震墙		120	100	80	50	不应采用
筒体	框架—核心筒	150	130	100	90	70
	筒中筒	180	150	120	100	80
板柱—抗震墙		80	70	55	40	不应采用

注：房屋高度指室外地面到主要屋面板板顶的高度（不包括局部突出屋顶部分）；框架—核心筒结构指周边稀柱框架与核心筒组成的结构；部分框支抗震墙结构指首层或底部两层为框支层的结构，不包括仅个别框支墙的情况；表中框架，不包括异形柱框架；板柱—抗震墙结构指板柱、框架和抗震墙组成抗侧力体系的结构；乙类建筑可按本地区抗震设防烈度确定其适用的最大高度；超过表内高度的房屋，应进行专门研究和论证，采取有效的加强措施。

框架—抗震墙、板柱—抗震墙结构以及框支层中，抗震墙之间无大洞口的楼、屋盖的长宽比，不宜超过表 5.2 的规定；超过时，应计入楼盖平面内变形的影响。

抗震墙之间楼、屋盖的最大长宽比　　　　　　表 5.2

楼、屋盖类型		设　防　烈　度			
		6 度	7 度	8 度	9 度
框架—抗震墙结构	现浇或叠合楼、屋盖	4	4	3	2
	装配整体式楼、屋盖	3	3	2	不宜采用
板柱—抗震墙结构的现浇楼、屋盖		3	3	2	—
框支层的现浇楼、屋盖		2.5	2.5	2	—

采用装配整体式楼、屋盖时，应采取措施保证楼、屋盖的整体性及其与抗震墙的可靠连接。装配整体式楼、屋盖采用配筋现浇面层加强时，其厚度不应小于 50mm。

2. 抗震等级

抗震等级是确定结构构件抗震计算（指内力调整）和抗震措施的标准，根据设防烈度、房屋高度、建筑类别、结构类型及构件在结构中的重要程度来确定。抗震等级的划分考虑了技术要求和经济条件，随着设计方法的改进和经济水平的提高，抗震等级亦将相应调整。抗震等级共分为四级，它体现了不同的抗震要求，其中一级抗震要求最高。高层钢筋混凝土结构房屋的建筑类别按其重要性分为甲、乙、丙、丁四类，在确定其抗震等级时应分别考虑其设防烈度。

由表 5.3 可见，在同等设防烈度和房屋高度的情况下，对于不同的结构类型，其次要抗侧力构件抗震要求可低于主要抗侧力构件，即抗震等级低些。如框架抗震墙结构中的框架，其抗震要求低于框架结构中的框架；相反，其抗震墙则比抗震墙结构有更高的抗震要求。框架—抗震墙结构中，当抗震墙部分承受的地震倾覆力矩不大于结构总地震倾覆力矩的 50%时，考虑到此时抗震墙的刚度较小，其框架部分的抗震等级应按框架结构划分。

钢筋混凝土房屋应根据设防类别、烈度、结构类型和房屋高度采用不同的抗震等级，并应符合相应的计算和构造措施要求。丙类建筑按表 5.3 确定。

抗震设计的一般要求　　　　　　　　　　　　　　　表 5.3

结构类型		6度		7度			8度			9度	
框架结构	高度(m)	≤24	>24	≤24	>24		≤24	>24		≤24	
	框架	四	三	三	二		二	一		一	
	大跨度框架	三		二			一			一	
框架—抗震墙结构	高度(m)	≤60	>60	≤24	25～60	>60	≤24	25～60	>60	≤24	25～50
	框架	四	三	四	三	二	三	二	一	二	一
	抗震墙	三		三		二	二			一	
抗震墙结构	高度(m)	≤80	>80	≤24	25～80	>80	≤24	25～80	>80	≤24	25～60
	抗震墙	四	三	四	三	二	三	二	一	二	一
部分框支抗震墙结构	高度(m)	≤80	>80	≤24	25～80	>80	≤24	25～80			
	抗震墙　一般部位	四	三	四	三	二	三	二			
	抗震墙　加强部位	三		二			一				
	框支层框架	二									
框架—核心筒结构	框架	三		二			一			一	
	核心筒	二		二			一			一	
筒中筒结构	外筒	三		二			一			一	
	内筒	三		二			一			一	
板柱—抗震墙结构	高度(m)	≤35	>35	≤35	>35		≤35	>35			
	框架、板柱的柱	三	二	二	二		二	一			
	抗震墙	二	二	二	二		二	一			

注：建筑场地为Ⅰ类时，除6度外应允许按表内降低1度所对应的抗震等级采取抗震构造措施，但相应的计算要求不应降低；接近或等于高度分界时，应允许结合房屋不规则程度及场地、地基条件确定抗震等级；大跨度框架指跨度不小于18m的框架；高度不超过60m的框架—核心筒结构按框架—抗震墙的要求设计时，应按表中框架—抗震墙结构的规定确定其抗震等级。

钢筋混凝土房屋抗震等级的确定，尚应设置少量抗震墙的框架结构，在规定的水平力作用下，底层框架部分所承担的地震倾覆力矩大于结构总地震倾覆力矩的50%时，其框架的抗震等级应按框架结构确定，抗震墙的抗震等级可与其框架的抗震等级相同（注：底层指计算嵌固端所在的层）。裙房与主楼相连，除应按裙房本身确定抗震等级外，相关范围不应低于主楼的抗震等级；主楼结构在裙房顶板对应的相邻上下各一层应适当加强抗震构造措施。裙房与主楼分离时，应按裙房本身确定抗震等级。当地下室顶板作为上部结构的嵌固部位时，地下一层的抗震等级应与上部结构相同，地下一层以下抗震构造措施的抗震等级可逐层降低一级，但不应低于四级。地下室中无上部结构的部分，抗震构造措施的抗震等级可根据具体情况采用三级或四级。

3. 防震缝

平面形状复杂时，宜用防震缝划分成较规则、简单的单元。伸缩缝和沉降缝的宽度应符合防震缝的要求。但对高层建筑宜尽可能不设缝。

框架结构（包括设置少量抗震墙的框架结构）房屋的防震缝宽度，当高度不超过15m时不应小于100mm；高度超过15m时，6、7、8和9分别每增加高度5、4、3和2m，宜加宽20mm。

防震缝两侧结构类型不同时，宜按需要较宽防震缝的结构类型和较低房屋高度确定缝宽。8、9度框架结构房屋防震缝两侧结构层高相差较大时，防震缝两侧框架柱的箍筋应沿房屋全高加密，并可根据需要在缝两侧沿房屋全高各设置不少于两道垂直于防震缝的抗撞墙。抗撞墙的布置宜避免加大扭转效应，其长度可不大于1/2层高，抗震等级可同框架结构；框架构件的内力应按设置和不设置抗撞墙两种计算模型的不利情况取值。

4. 楼梯间

钢筋混凝土结构楼梯间宜采用现浇钢筋混凝土楼梯。对于框架结构，楼梯间的布置不应导致结构平面特别不规则；楼梯构件与主体结构整浇时，应计入楼梯构件对地震作用及其效应的影响，应进行楼梯构件的抗震承载力验算；宜采取构造措施，减少楼梯构件对主体结构刚度的影响。楼梯间两侧填充墙与柱之间应加强拉结。

5.6 框架结构抗震构造及详图

1. 梁的构造措施

梁的截面尺寸，宜符合下列各项要求：截面宽度不宜小于200mm；截面高宽比不宜大于4；净跨与截面高度之比不宜小于4。梁宽大于柱宽的扁梁应符合下列要求：采用扁梁的楼、屋盖应现浇，梁中线宜与柱中线重合，扁梁应双向布置，扁梁不宜用于一级框架结构。

梁的钢筋配置，梁端计入受压钢筋的混凝土受压区高度和有效高度之比，一级不应大于0.25，二、三级不应大于0.35。梁端截面的底面和顶面纵向钢筋配筋量的比值，除按计算确定外，一级不应小于0.5，二、三级不应小于0.3。梁端箍筋加密区的长度、箍筋最大间距和最小直径应按表5.4采用，当梁端纵向受拉钢筋配筋率大于2%时，表中箍筋最小直径数值应增大2mm。

梁端箍筋加密区的长度、箍筋的最大间距和最小直径 表5.4

抗震等级	加密区长度（采用较大值）（mm）	箍筋最大间距（采用最小值）（mm）	箍筋最小直径（mm）
一	$2h_b,500$	$h_b/4,6d,100$	10
二	$1.5h_b,500$	$h_b/4,8d,100$	8
三	$1.5h_b,500$	$h_b/4,8d,150$	8
四	$1.5h_b,500$	$h_b/4,8d,150$	6

注：d为纵向钢筋直径，h_b为梁截面高度；箍筋直径大于12mm、数量不少于4肢且肢距不大于150mm时，一、二级的最大间距允许适当放宽，但不得大于150mm。

梁的钢筋配置时，梁端纵向受拉钢筋的配筋率不宜大于2.5%。沿梁全长顶面、底面的配筋，一、二级不应少于2φ14，且分别不应少于梁顶面、底面两端纵向配筋中较大截面面积的 1/4；三、四级不应少于 2φ12。一、二、三级框架梁内贯通中柱的每根纵向钢筋直径，对框架结构不应大于矩形截面柱在该方向截面尺寸的 1/20，或纵向钢筋所在位置圆形截面柱弦长的 1/20；对其他结构类型的框架不宜大于矩形截面柱在该方向截面尺寸的 1/20，或纵向钢筋所在位置圆形截面柱弦长的 1/20。梁端加密区的箍筋肢距，一级不宜大于 200mm 和 20 倍箍筋直径的较大值，二、三级不宜大于 250mm 和 20 倍箍筋直径的较大值，四级不宜大于 300mm。框架梁箍筋构造做法见表 5.5，框架梁端部箍筋加密区箍筋肢距的要求见表 5.6。

框架梁箍筋构造做法　　　　　　　　　　　　　　　　表 5.5

双肢箍 三肢箍	
四肢箍	
六肢箍	

框架梁端部箍筋加密区箍筋肢距的要求　　　　　　　　　表 5.6

抗震等级	箍筋最大肢距
一级	不宜大于 20mm 和 20 倍箍筋直径的较大值，且≤300mm
二、三级	不宜大于 250mm 和 20 倍箍筋直径的较大值，且≤300mm
四级	不宜大于 300mm

2. 柱的构造措施

柱的截面尺寸，截面的宽度和高度，四级或不超过 2 层时不宜小于 300mm，一、二、三级且超过 2 层时不宜小于 400mm；圆柱的直径，四级或不超过 2 层时不宜小于 350mm，一、二、三级且超过 2 层时不宜小于 450mm。剪跨比宜大于 2。截面长边与短边的边长比不宜大于 3。

柱轴压比不宜超过表 5.7 的规定；建造于Ⅳ类场地且较高的高层建筑，柱轴压比限值应适当减小。

柱纵向受力钢筋的最小总配筋率应按表 5.8 采用，同时每侧配筋率不应小于 0.2%；对建造于Ⅳ类场地且较高的高层建筑，最小总配筋率应增加 0.1%。

柱轴压比限值   表 5.7

结构类型	抗震等级			
	一	二	三	四
框架结构	0.65	0.75	0.85	0.9
框架—抗震墙、板柱—抗震墙、框架—核心筒、筒中筒	0.75	0.85	0.9	0.95
部分框支抗震墙	0.6	0.7	—	

注：轴压比指柱组合的轴压力设计值与柱的全截面面积和混凝土轴心抗压强度设计值乘积之比值；对本规范规定不进行地震作用计算的结构，可取无地震作用组合的轴力设计值计算；表内限值适用于剪跨比大于2、混凝土强度等级不高于C60的柱；剪跨比不大于2的柱，轴压比限值应降低0.05；剪跨比小于1.5的柱，轴压比限值应专门研究并采取特殊构造措施；沿柱全高采用井字复合箍且箍筋肢距不大于200mm、间距不大于200mm、直径不小于12mm，或沿柱全高采用复合螺旋箍、螺旋间距不大于100mm、箍筋肢距不大于200mm、直径不小于12mm，或沿柱全高采用连续复合矩形螺旋箍、螺旋净距不大于80mm、箍筋肢距不大于200mm、直径不小于10mm，轴压比限值均可增加0.10；在柱的截面中部附加芯柱，其中另加的纵向钢筋的总面积不少于柱截面面积的0.8%，轴压比限值可增加0.05。

柱截面纵向钢筋的最小总配筋率（%）   表 5.8

类别	抗震等级			
	一	二	三	四
中柱和边柱	0.9(1.0)	0.7(0.8)	0.6(0.7)	0.5(0.6)
角柱、框支柱	1.1	0.9	0.8	0.7

注：表中括号内数值用于框架结构的柱；钢筋强度标准值小于400MPa时，表中数值应增加0.1，钢筋强度标准值为400MPa时，表中数值应增加0.05；混凝土强度等级高于C60时，上述数值应相应增加0.1。

柱箍筋在规定的范围内应加密，一般情况下，加密区箍筋的最大间距和最小直径，应按表5.9采用。

柱箍筋加密区的箍筋最大间距和最小直径   表 5.9

抗震等级	箍筋最大间距（采用较小值，mm）	箍筋最小直径（mm）
一	6d，100	10
二	8d，100	8
三	8d，150（柱根100）	8
四	8d，150（柱根100）	6（柱根8）

注：d 为柱纵筋最小直径，柱根指底层柱下端箍筋加密区。一级框架柱的箍筋直径大于12mm且箍筋肢距不大于150mm及二级框架柱的箍筋直径不小于10mm且箍筋肢距不大于200mm时，除底层柱下端外，最大间距应允许采用150mm；三级框架柱的截面尺寸不大于400mm时，箍筋最小直径应允许采用6mm；四级框架柱剪跨比不大于2时，箍筋直径不应小于8mm。框支柱和剪跨比不大于2的框架柱，箍筋间距不应大于100mm。

柱的纵向钢筋宜对称配置。截面边长大于400mm的柱，纵向钢筋间距不宜大于200mm。柱总配筋率不应大于5%；剪跨比不大于2的一级框架的柱，每侧纵向钢筋配筋率不宜大于1.2%。边柱、角柱及抗震墙端柱在小偏心受拉时，柱内纵筋总截面面积应比计算值增加25%。柱纵向钢筋的绑扎接头应避开柱端的箍筋加密区。

柱的箍筋加密范围，柱端，取截面高度（圆柱直径）、柱净高的1/6和500mm三者的最大值；底层柱的下端不小于柱净高的1/3；刚性地面上下各500mm；剪跨比不大于2的柱、因设置填充墙等形成的柱净高与柱截面高度之比不大于4的柱、框支柱、一级和二级框架的角柱，取全高。

　　柱箍筋加密区的箍筋肢距，一级不宜大于 200mm，二、三级不宜大于 250mm，四级不宜大于 300mm。至少每隔一根纵向钢筋宜在两个方向有箍筋或拉筋约束；采用拉筋复合箍时，拉筋宜紧靠纵向钢筋并钩住箍筋。

　　框支柱宜采用复合螺旋箍或井字复合箍，其最小配箍特征值应比表 5.10 内数值增加 0.02，且体积配箍率不应小于 1.5%。剪跨比不大于 2 的柱宜采用复合螺旋箍或井字复合箍，其体积配箍率不应小于 1.2%，9 度一级时不应小于 1.5%。

柱箍筋加密区的箍筋最小配箍特征值　　　　　　　　　　表 5.10

抗震等级	箍筋形式	柱轴压比								
		≤0.3	0.4	0.5	0.6	0.7	0.8	0.9	1	1.05
一	普通箍、复合箍	0.1	0.11	0.13	0.15	0.17	0.2	0.23	—	—
	螺旋箍、复合或连续复合矩形螺旋箍	0.08	0.09	0.11	0.13	0.15	0.18	0.21	—	—
二	普通箍、复合箍	0.08	0.09	0.11	0.13	0.15	0.17	0.19	0.22	0.24
	螺旋箍、复合或连续复合矩形螺旋箍	0.06	0.07	0.09	0.11	0.13	0.15	0.17	0.2	0.22
三、四	普通箍、复合箍	0.06	0.07	0.09	0.11	0.13	0.15	0.2	0.22	
	螺旋箍、复合或连续复合矩形螺旋箍	0.05	0.06	0.07	0.09	0.11	0.13	0.15	0.18	0.2

注：普通箍指单个矩形箍和单个圆形箍，复合箍指由矩形、多边形、圆形箍或拉筋组成的箍筋；复合螺旋箍指由螺旋箍与矩形、多边形、圆形箍或拉筋组成的箍筋；连续复合矩形螺旋箍指用一根通长钢筋加工而成的箍筋。

　　柱箍筋非加密区的箍筋配置，应符合下列要求：柱箍筋非加密区的体积配箍率不宜小于加密区的 50%。箍筋间距，一、二级框架柱不应大于 10 倍纵向钢筋直径，三、四级框架柱不应大于 15 倍纵向钢筋直径。

　　一、二、三级框架节点核芯区配箍特征值分别不宜小于 0.12、0.10 和 0.08，且体积配箍率分别不宜小于 0.6%、0.5% 和 0.4%。柱剪跨比不大于 2 的框架节点核芯区，体积配箍率不宜小于核芯区上、下柱端的较大体积配箍率。

　　框架柱箍筋构造要求见表 5.11。

框架柱箍筋构造　　　　　　　　　　表 5.11

非焊接复合箍筋	
焊接封闭箍筋	

续表

连续圆形螺旋箍筋		螺旋箍开始及结束处应有水平段，长度不小于一圈半，圆柱时，每1～2m加一道定位箍筋
连续矩形螺旋箍筋		
连续复合矩形螺旋箍		

3. 框架结构抗震构造详图 (图 5.22～图 5.30)

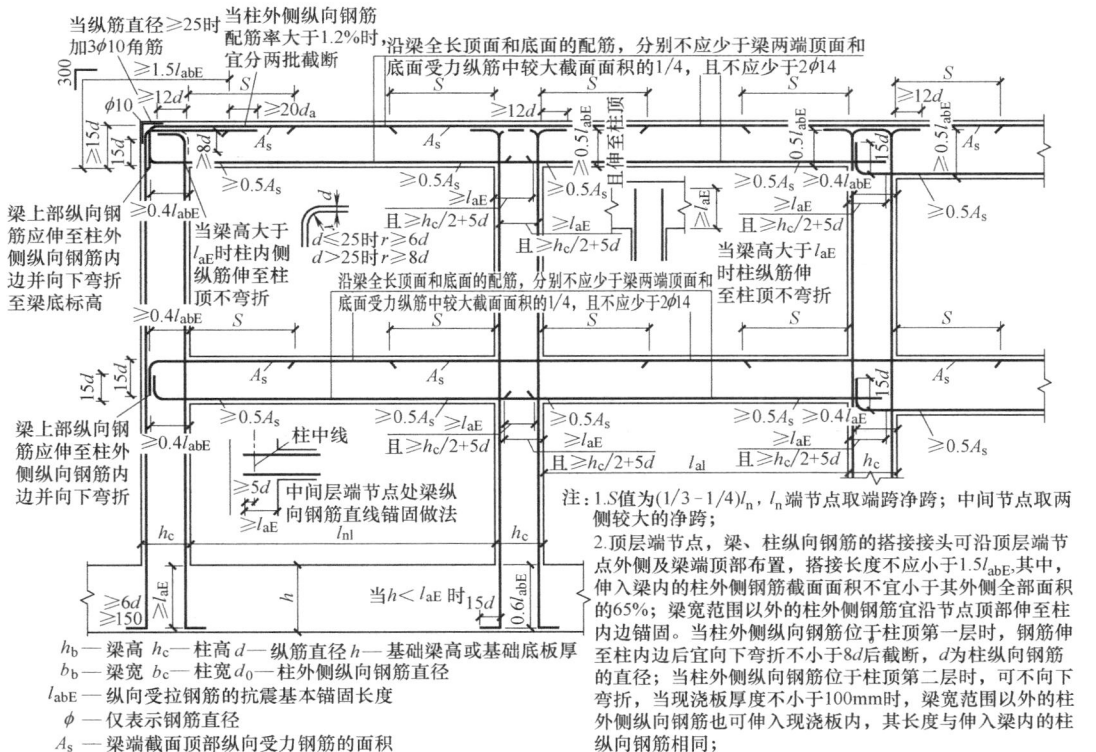

图 5.22　一级抗震等级现浇框架梁、柱纵筋构造

h_b—梁高　h_c—柱高　d—纵筋直径　h—基础梁高或基础底板厚
b_b—梁宽　b_c—柱宽　d_0—柱外侧纵向钢筋直径
l_{abE}—纵向受拉钢筋的抗震基本锚固长度
ϕ　—仅示表示钢筋直径
A_s—梁端截面顶部纵向受力钢筋的面积

注: 1. S值为$(1/3\sim1/4)l_n$, l_n端节点取端跨净跨；中间节点取两侧较大的净跨；
2. 顶层端节点，梁、柱纵向钢筋的搭接接头可沿顶层端节点外侧及梁端顶部布置，搭接长度不应小于$1.5l_{abE}$；其中，伸入梁内的柱外侧钢筋截面面积不宜小于其外侧全部面积的65%；梁宽范围以外的柱外侧钢筋宜沿节点顶部伸至柱内边锚固。当柱外侧纵向钢筋位于柱顶第一层时，钢筋伸至柱内边后宜向下弯折不小于$8d$后截断，d为柱纵向钢筋的直径；当柱外侧纵向钢筋位于柱顶第二层时，可不向下弯折，当现浇板厚度不小于100mm时，梁宽范围以外的柱外侧纵向钢筋也可伸入现浇板内，其长度与伸入梁内的柱纵向钢筋相同；
3. 当柱外侧纵向钢筋配筋率大于1.2%时，伸入梁内的柱纵向钢筋应满足上述规定且宜分两批截断，截断点之间的距离不宜小于$20d_c$, d_0为柱外侧纵向钢筋的直径，梁上部纵向钢筋应伸入节点外侧并向下弯至梁下边缘高度位置截断。

83

当纵筋直径≥25时加3φ10角筋

当柱外侧纵向钢筋配筋率大于1.2%时，宜分两批截断

沿梁全长顶面和底面的配筋，分别不应少于梁两端顶面和底面受力纵筋中较大截面面积的1/4，且不应少于2φ14

梁上部纵向钢筋应伸至柱外侧纵向钢筋内边并向下弯折至梁底标高

当梁大于l_{aE}时柱内侧纵筋伸至柱顶不弯折

$d≤25$时 $r≥6d$
$d>25$时 $r≥8d$

沿梁全长顶面和底面的配筋，不应少于梁两端顶面和底面受力纵筋中较大截面面积的1/4，且不应少于2φ14

当梁高大于l_{aE}时柱纵筋伸至柱顶不弯折

梁上部纵向钢筋应伸至柱外侧纵向钢筋内边并向下弯折

柱中线

中间层端节点处梁纵向钢筋直线锚固做法

当$h<l_{aE}$时

注：1. S值为(1/3~1/4)；l_n，l_n：端节点取梁跨净跨；中间节点取两侧较大的净跨；
2. 顶层端节点，梁、柱纵向钢筋的搭接接头可沿顶层端节点外侧及梁端顶部布置，搭接长度不应小于1.5l_{abE}，其中，伸入梁内的柱外侧纵向钢筋截面面积不宜小于其外侧全部面积的65%；梁宽范围以外的柱外侧纵向钢筋宜沿节点顶部伸至柱内边锚固，当柱外侧纵向钢筋位于柱顶第一层时，钢筋伸至柱内边后宜向下弯折不小于8d后截断，d为柱纵向钢筋的直径；当柱外侧纵向钢筋位于柱顶第二层时，可不向下弯折，当现浇板厚度不小于100mm时，梁宽范围以外的柱外侧纵向钢筋也可伸入现浇板内，其长度与伸入梁内的柱纵向钢筋相同；
3. 当柱外侧纵向钢筋配筋率大于1.2%时，伸入梁内的柱纵向钢筋应满足上述规定且宜分两批截断，截断点之间的距离不宜小于20d_c，d_c为柱纵向钢筋的直径，梁上部纵向钢筋应伸至节点外侧并向下弯至梁下边缘高度位置截断。

h_b—梁高　h_c—柱高　d—纵筋直径　h—基础梁高或基础底板厚
b_b—梁宽　b_c—柱宽　d_0—柱外侧纵向钢筋直径
l_{abE}—纵向受拉钢筋的抗震基本锚固长度
ϕ—仅表示钢筋直径
A_s—梁端截面顶部纵向受力钢筋的面积

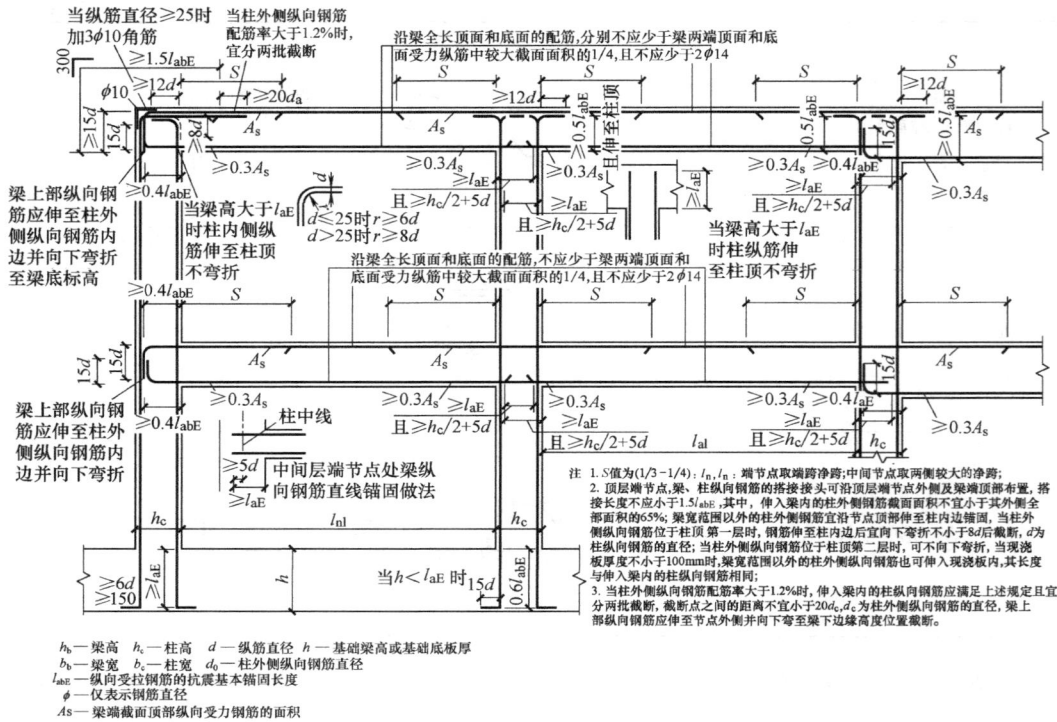

图 5.23　二级抗震等级现浇框架梁、柱纵筋构造

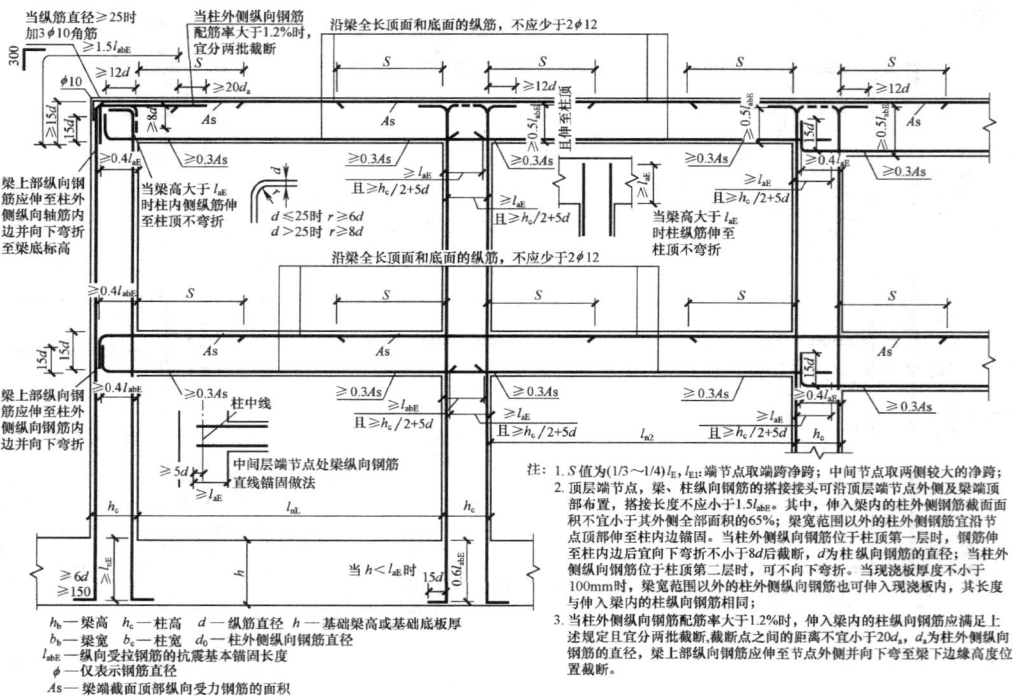

当纵筋直径≥25时加3φ10角筋

当柱外侧纵向钢筋配筋率大于1.2%时，宜分两批截断

沿梁全长顶面和底面的纵筋，不应少于2φ12

梁上部纵向钢筋应伸至柱外侧纵向钢筋内边并向下弯折至梁底标高

当梁高大于l_{aE}时柱内侧纵筋伸至柱顶不弯折

$d≤25$时 $r≥6d$
$d>25$时 $r≥8d$

沿梁全长顶面和底面的纵筋，不应少于2φ12

当梁高大于l_{aE}时柱纵筋伸至柱顶不弯折

梁上部纵向钢筋应伸至柱外侧纵向钢筋内边并向下弯折

柱中线

中间层端节点处梁纵向钢筋直线锚固做法

当$h<l_{aE}$时

注：1. S值为(1/3～1/4)l_E；l_{E1}：端节点取端跨净跨；中间节点取两侧较大的净跨；
2. 顶层端节点，梁、柱纵向钢筋的搭接接头可沿顶层端节点外侧及梁端顶部布置，搭接长度不应小于1.5l_{abE}，其中，伸入梁内的柱外侧纵向钢筋截面面积不宜小于其外侧全部面积的65%；梁宽范围以外的柱外侧纵向钢筋宜沿节点顶部伸至柱内边锚固。当柱外侧纵向钢筋位于柱顶第一层时，钢筋伸至柱内边后宜向下弯折不小于8d后截断，d为柱纵向钢筋的直径；当柱外侧纵向钢筋位于柱顶第二层时，可不向下弯折。当现浇板厚度不小于100mm时，梁宽范围以外的柱外侧纵向钢筋也可伸入现浇板内，其长度与伸入梁内的柱纵向钢筋相同；
3. 当柱外侧纵向钢筋配筋率大于1.2%时，伸入梁内的柱纵向钢筋应满足上述规定且宜分两批截断，截断点之间的距离不宜小于20d_a，d_a为柱纵向钢筋的直径。梁上部纵向钢筋应伸至节点外侧并向下弯至梁下边缘高度位置截断。

h_b—梁高　h_c—柱高　d—纵筋直径　h—基础梁高或基础底板厚
b_b—梁宽　b_c—柱宽　d_0—柱外侧纵向钢筋直径
l_{abE}—纵向受拉钢筋的抗震基本锚固长度
ϕ—仅表示钢筋直径
A_s—梁端截面顶部纵向受力钢筋的面积

图 5.24　三级抗震等级现浇框架梁、柱纵筋构造

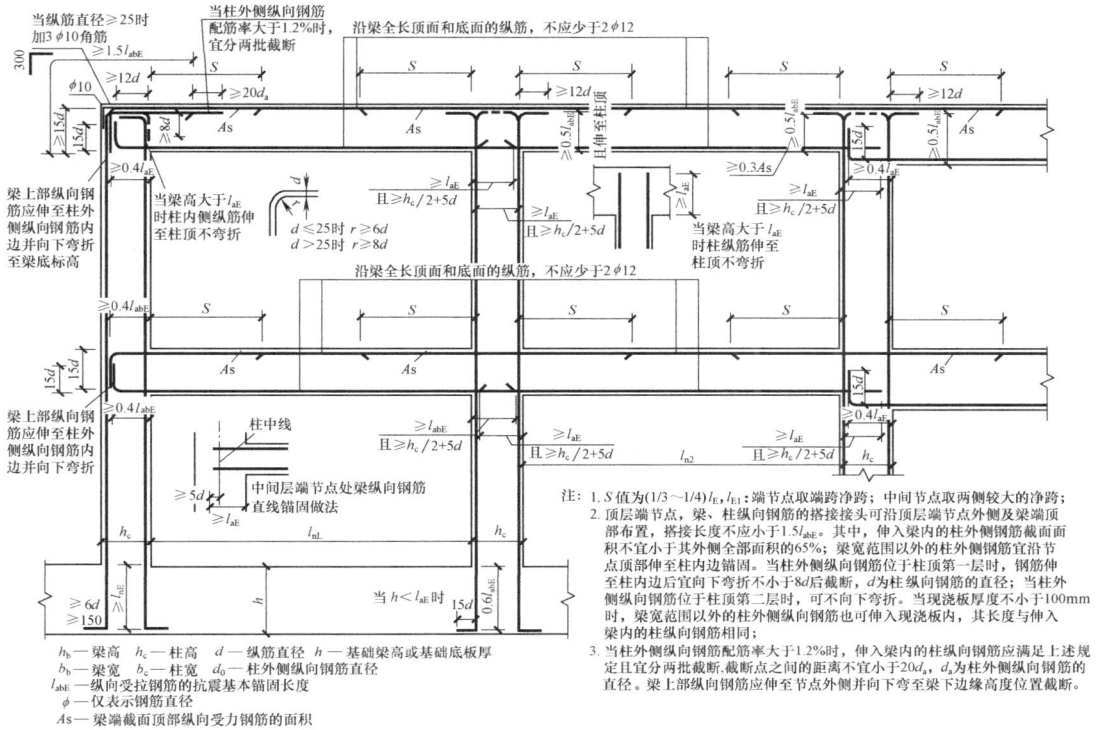

注：1. S 值为(1/3～1/4)l_E, l_{E1}：端节点取端跨净跨；中间节点取两侧较大的净跨；

2. 顶层端节点，梁、柱纵筋的搭接接头可沿顶层端节点外侧及梁顶部布置，搭接长度不应小于 1.5l_{abE}。其中，伸入梁内的柱外侧钢筋截面面积不宜小于其外侧全部面积的 65%；梁宽范围以外的柱外侧纵筋宜沿节点顶部伸至柱内边锚固。当柱外侧纵向钢筋位于柱顶第一层时，钢筋伸至柱内边后宜向下弯折不小于 8d 后截断；当柱外侧纵向钢筋位于柱顶第二层时，可不向下弯折。当现浇板厚度不小于 100mm 时，梁宽范围以外的柱外侧纵向钢筋也可伸入现浇板内，其长度与伸入梁内的柱外侧纵向钢筋相同；

3. 当柱外侧纵向钢筋配筋率大于 1.2% 时，伸入梁内的柱纵向钢筋应满足上述规定且宜分两批截断。截断点之间的距离不宜小于 20d_a，d_a 为柱外侧纵向钢筋的直径。梁上部纵向钢筋应伸至节点外侧并向下弯至梁下边缘高度位置截断。

h_b —— 梁高 h_c —— 柱高 d —— 纵筋直径 h —— 基础梁高或基础底板厚
b_b —— 梁宽 b_c —— 梁宽 d_0 —— 柱纵向钢筋直径
l_{abE} —— 纵向受拉钢筋的抗震基本锚固长度
ϕ —— 仅表示钢筋直径
As —— 梁端截面顶部纵向受力钢筋的面积

图 5.25 四级抗震等级现浇框架梁、柱纵筋构造

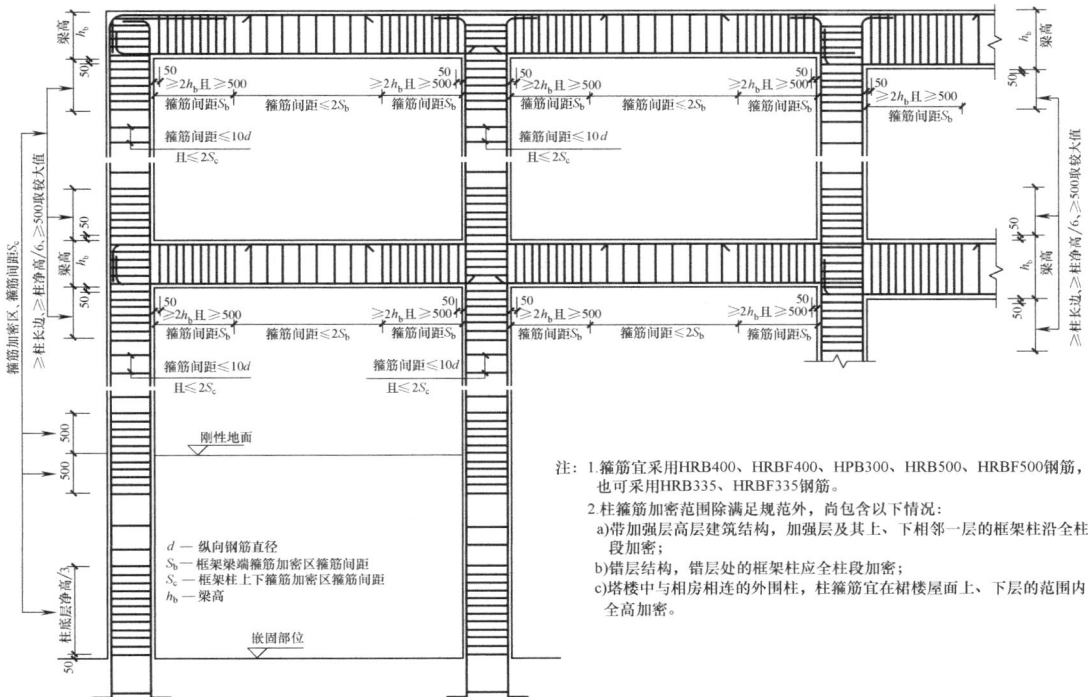

注：1. 箍筋宜采用 HRB400、HRBF400、HPB300、HRB500、HRBF500 钢筋，也可采用 HRB335、HRBF335 钢筋。

2. 柱箍筋加密范围除满足规范外，尚包含以下情况：
   a) 带加强层高层建筑结构，加强层及其上、下相邻一层的框架柱沿全柱段加密；
   b) 错层结构，错层处的框架柱应全柱段加密；
   c) 塔楼中与裙房相连的外围柱，柱箍筋宜在裙房屋面上、下层的范围内全高加密。

图 5.26 一级抗震等级现浇框架梁、柱箍筋构造

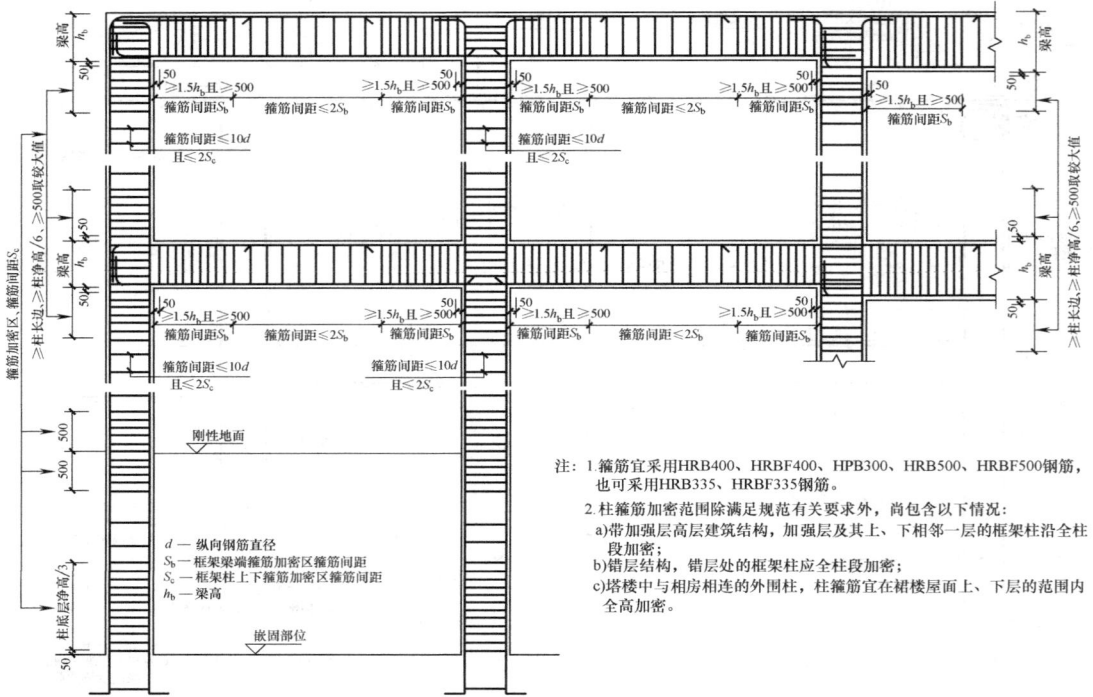

注：1.箍筋宜采用HRB400、HRBF400、HPB300、HRB500、HRBF500钢筋，也可采用HRB335、HRBF335钢筋。

2.柱箍筋加密范围除满足规范有关要求外，尚包含以下情况：
a)带加强层高层建筑结构，加强层及其上、下相邻一层的框架柱沿全柱段加密；
b)错层结构，错层处的框架柱应全柱段加密；
c)塔楼中与裙房相连的外围柱，柱箍筋宜在裙楼屋面上、下层的范围内全高加密。

图 5.27　二级抗震等级现浇框架梁、柱箍筋构造

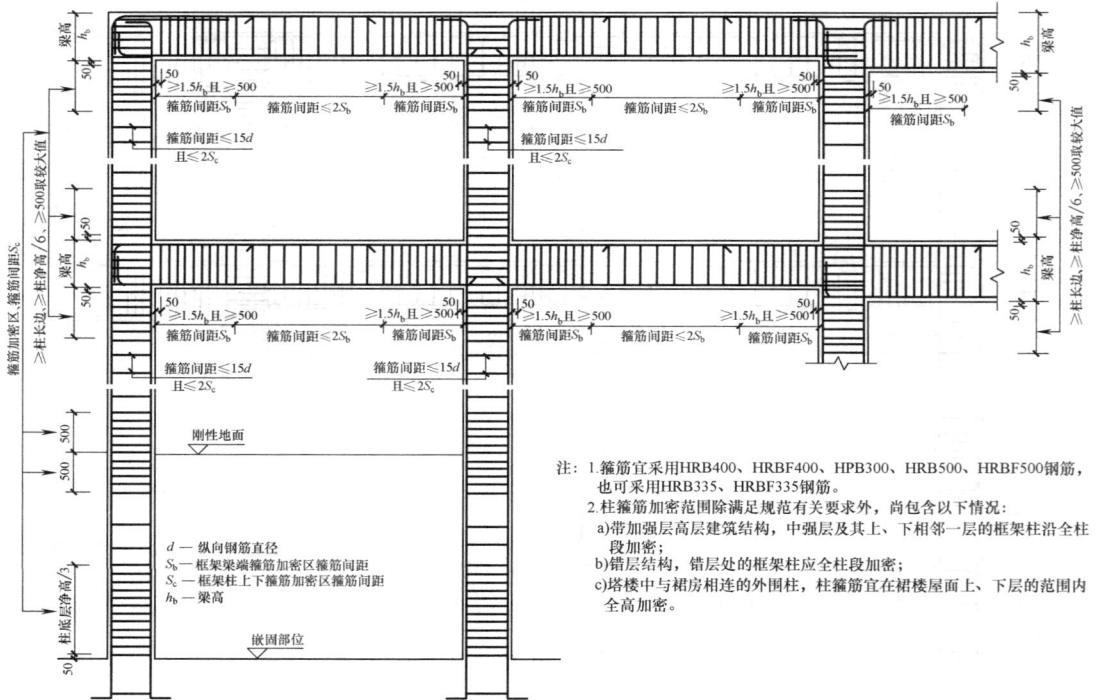

注：1.箍筋宜采用HRB400、HRBF400、HPB300、HRB500、HRBF500钢筋，也可采用HRB335、HRBF335钢筋。

2.柱箍筋加密范围除满足规范有关要求外，尚包含以下情况：
a)带加强层高层建筑结构，中强层及其上、下相邻一层的框架柱沿全柱段加密；
b)错层结构，错层处的框架柱应全柱段加密；
c)塔楼中与裙房相连的外围柱，柱箍筋宜在裙楼屋面上、下层的范围内全高加密。

图 5.28　三级抗震等级现浇框架梁、柱箍筋构造

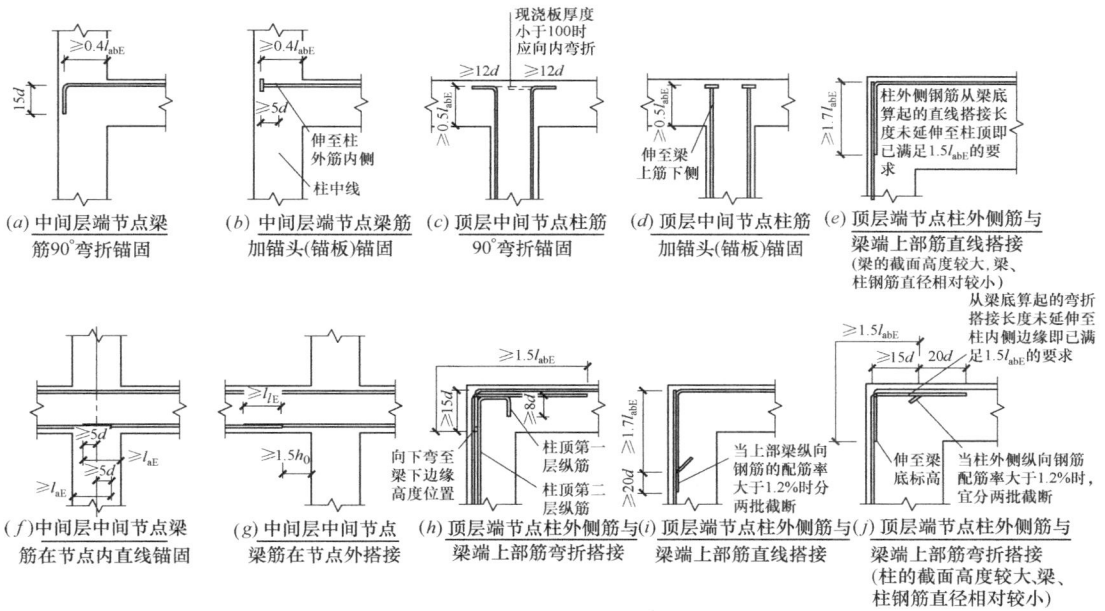

图 5.29 现浇框架梁、柱纵向钢筋在节点部位的锚固和搭接

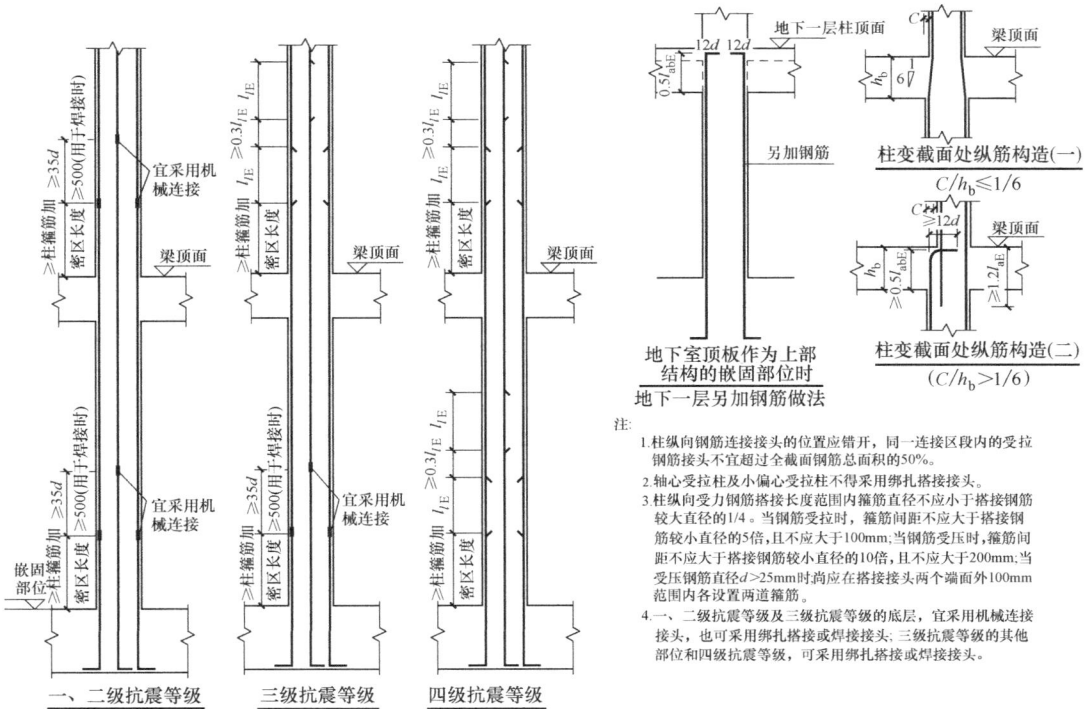

注:
1. 柱纵向钢筋连接接头的位置应错开,同一连接区段内的受拉钢筋接头不宜超过全截面钢筋总面积的50%。
2. 轴心受拉柱及小偏心受拉柱不得采用绑扎搭接接头。
3. 柱纵向受力钢筋搭接长度范围内箍筋直径不应小于搭接钢筋较大直径的1/4;当钢筋受拉时,箍筋间距不应大于搭接钢筋较小直径的5倍,且不应大于100mm;当钢筋受压时,箍筋间距不应大于搭接钢筋较小直径的10倍,且不应大于200mm;当受压钢筋直径d>25mm时尚应在搭接接头两个端面外100mm范围内各设置两道箍筋。
4. 一、二级抗震等级及三级抗震等级的底层,宜采用机械连接接头,也可采用绑扎搭接或焊接接头;三级抗震等级的其他部位和四级抗震等级,可采用绑扎搭接或焊接接头。

图 5.30 框架柱纵向钢筋连接构造

5.7 剪力墙结构抗震构造及详图

1. 剪力墙结构抗震措施

抗震墙的厚度，一、二级不应小于160mm且不宜小于层高或无支长度的1/20，三、四级不应小于140mm且不小于层高或无支长度的1/25；无端柱或翼墙时，一、二级不宜小于层高或无支长度的1/16，三、四级不宜小于层高或无支长度的1/20。

底部加强部位的墙厚，一、二级不应小于200mm且不宜小于层高或无支长度的1/16，三、四级不应小于160mm且不宜小于层高或无支长度的1/20；无端柱或翼墙时，一、二级不宜小于层高或无支长度的1/12，三、四级不宜小于层高或无支长度的1/16。

一、二、三级抗震墙在重力荷载代表值作用下墙肢的轴压比，一级时，9度不宜大于0.4，7、8度不宜大于0.5；二、三级时不宜大于0.6。墙肢轴压比指墙的轴压力设计值与墙的全截面面积和混凝土轴心抗压强度设计值乘积之比值。

抗震墙竖向、横向分布钢筋的配筋，一、二、三级抗震墙的竖向和横向分布钢筋最小配筋率均不应小于0.25%，四级抗震墙分布钢筋最小配筋率不应小于0.20%。部分框支抗震墙结构的落地抗震墙底部加强部位，竖向和横向分布钢筋配筋率均不应小于0.3%。高度小于24m且剪压比很小的四级抗震墙，其竖向分布筋的最小配筋率应允许按0.15%采用。

抗震墙竖向和横向分布钢筋的配置，抗震墙的竖向和横向分布钢筋的间距不宜大于300mm，部分框支抗震墙结构的落地抗震墙底部加强部位，竖向和横向分布钢筋的间距不宜大于200mm。抗震墙厚度大于140mm时，其竖向和横向分布钢筋应双排布置，双排分布钢筋间拉筋的间距不宜大于600mm，直径不应小于6mm。抗震墙竖向和横向分布钢筋的直径，均不宜大于墙厚的1/10且不应小于8mm；竖向钢筋直径不宜小于10mm。

抗震墙两端和洞口两侧应设置边缘构件，边缘构件包括暗柱、端柱和翼墙，并应符合下列要求：对于抗震墙结构，底层墙肢底截面的轴压比不大于表5.12规定的一、二、三级抗震墙及四级抗震墙，墙肢两端可设置构造边缘构件，构造边缘构件的范围可按框架图采用（图5.31），构造边缘构件的配筋除应满足受弯承载力要求外，还宜符合表5.13的要求。

抗震墙设置构造边缘构件的最大轴压比 表5.12

抗震等级或烈度	一级（9度）	一级（7，8度）	二、三级
轴压比	0.1	0.2	0.3

抗震墙构造边缘构件的配筋要求 表5.13

抗震等级	纵向钢筋最小量（取较大值）	箍筋		纵向钢筋最小量（取较大值）	箍筋	
		最小直径（mm）	沿竖向最大间距（mm）		最小直径（mm）	沿竖向最大间距（mm）
一	$0.010A_c$，$6\phi16$	8	100	$0.008A_c$，$6\phi14$	8	150
二	$0.008A_c$，$6\phi14$	8	150	$0.006A_c$，$6\phi12$	8	200
三	$0.006A_c$，$6\phi12$	6	150	$0.005A_c$，$4\phi12$	6	200
四	$0.005A_c$，$4\phi12$	6	200	$0.004A_c$，$4\phi12$	6	250

注：A_c为边缘构件的截面面积；其他部位的拉筋，水平间距不应大于纵筋间距的2倍；转角处宜采用箍筋；当端柱承受集中荷载时，其纵向钢筋、箍筋直径和间距应满足柱的相应要求。

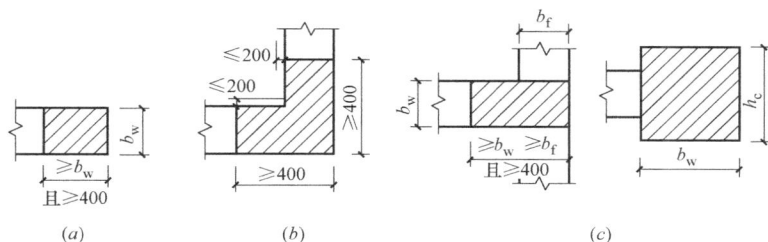

图 5.31 抗震墙的构造边缘构件范围

(a) 暗柱；(b) 翼柱；(c) 端柱

底层墙肢底截面的轴压比大于表 5.14 规定的一、二、三级抗震墙，以及部分框支抗震墙结构的抗震墙，应在底部加强部位及相邻的上一层设置约束边缘构件，在以上的其他部位可设置构造边缘构件。约束边缘构件沿墙肢的长度、配箍特征值、箍筋和纵向钢筋宜符合表 5.14 的要求。抗震墙的约束边缘构件如图 5.32 所示。

抗震墙约束边缘构件的范围及配筋要求　　表 5.14

项目	一级(9度)		一级(8度)		二、三级	
	$\lambda \leqslant 0.2$	$\lambda > 0.2$	$\lambda \leqslant 0.3$	$\lambda > 0.3$	$\lambda \leqslant 0.4$	$\lambda > 0.4$
l_c(暗柱)	$0.20h_w$	$0.25h_w$	$0.15h_w$	$0.20h_w$	$0.15h_w$	$0.20h_w$
l_c(翼墙或端柱)	$0.15h_w$	$0.20h_w$	$0.10h_w$	$0.15h_w$	$0.10h_w$	$0.15h_w$
λ_v	0.12	0.2	0.12	0.2	0.12	0.2
纵向钢筋(取较大值)	$0.012A_c$,8ϕ16		$0.012A_c$,8ϕ16		$0.010A_c$,6ϕ16 （三级 6ϕ14）	
箍筋或拉筋沿竖向间距	100mm		100mm		150mm	

注：抗震墙的翼墙长度小于其 3 倍厚度或端柱截面边长小于 2 倍墙厚时，按无翼墙、无端柱查表；l_c 为约束边缘构件沿墙肢长度，且不小于墙厚和 400mm；有翼墙或端柱时不应小于翼墙厚度或端柱沿墙肢方向截面高度加 300mm；λ_v 为约束边缘构件的配箍特征值，体积配箍率可按现行国家标准《混凝土结构设计规范》GB 50011 规定的计算，并可适当计入满足构造要求且在墙端有可靠锚固的水平分布钢筋的截面面积；h_w 为抗震墙墙肢长度；λ 为墙肢轴压比；A_c 为约束边缘构件阴影部分的截面面积。

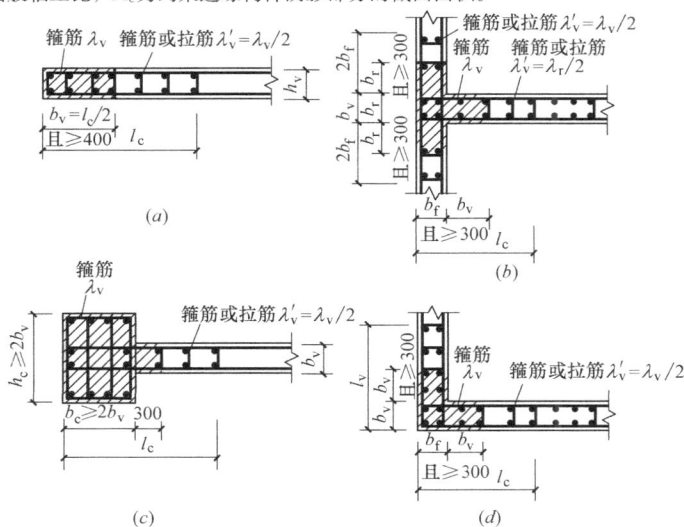

图 5.32 抗震墙的约束边缘构件

(a) 暗柱；(b) 有翼墙；(c) 有端柱；(d) 转角墙（L 形墙）

抗震墙的墙肢长度不大于墙厚的 3 倍时，应按柱的有关要求进行设计；矩形墙肢的厚度不大于 300mm 时，尚宜全高加密箍筋。跨高比较小的高连梁，可设水平缝形成双连梁、多连梁或采取其他加强受剪承载力的构造。顶层连梁的纵向钢筋伸入墙体的锚固长度范围内，应设置箍筋。

2. 剪力墙结构抗震构造详图（图 5.33～图 5.44）

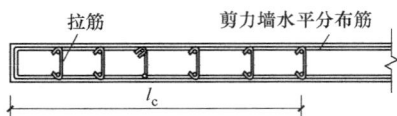

图 5.33　墙体水平筋在墙端 90°弯折时箍筋及拉筋做法

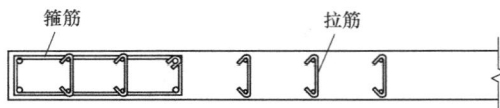

图 5.34　两层墙水平筋之间加固筋及拉筋做法

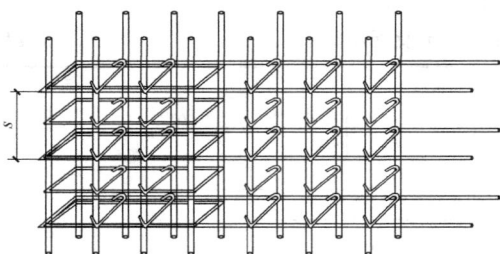

图 5.35　不利用墙的水平分布筋代替约束边缘构件的部分箍筋做法（墙水平筋间距 200mm，箍筋间距 100mm）

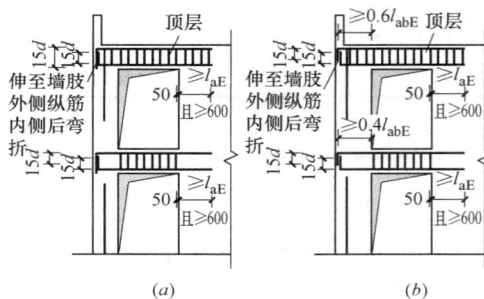

图 5.36　小墙垛处门洞连梁配筋图
（a）连梁端部为简支时；（b）连梁端部为

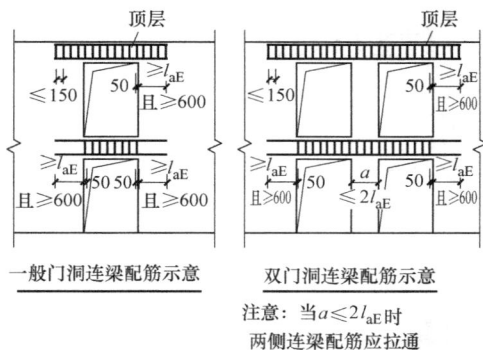

一般门洞连梁配筋示意　　双门洞连梁配筋示意

注意：当 $a \leq 2l_{aE}$ 时两侧连梁配筋应拉通

图 5.37　门洞连梁配筋图

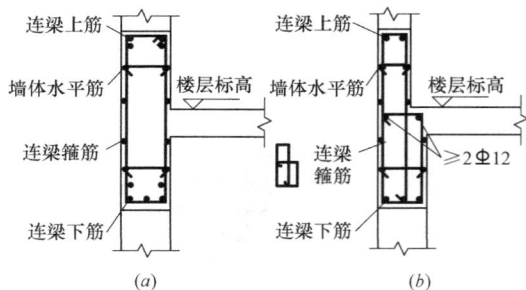

图 5.38　剪力墙跨层连梁配筋图

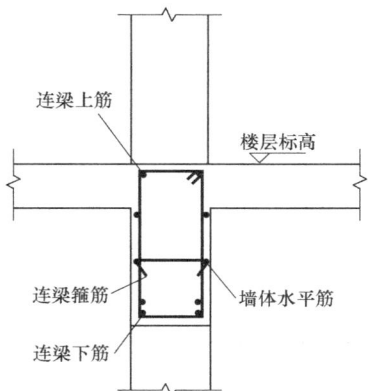

图 5.39 剪力墙楼层连梁配筋图

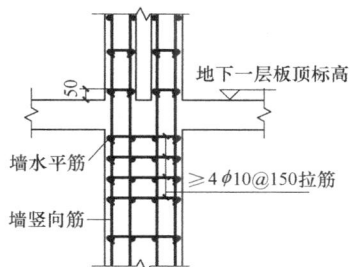

图 5.40 地上有伸缩缝处墙局部构造

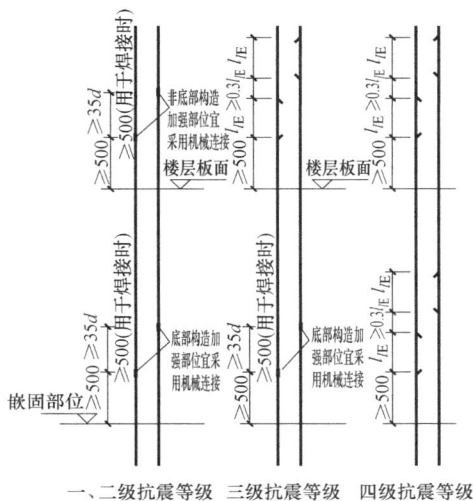

图 5.41 剪力墙边缘构件纵筋连接构造

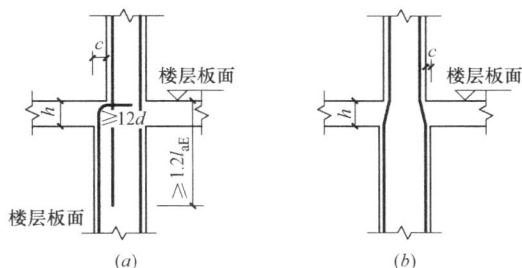

图 5.42 墙变截面处边缘构件纵筋构造

(a) $c/h > 1/6$；(b) $c/h < 1/6$

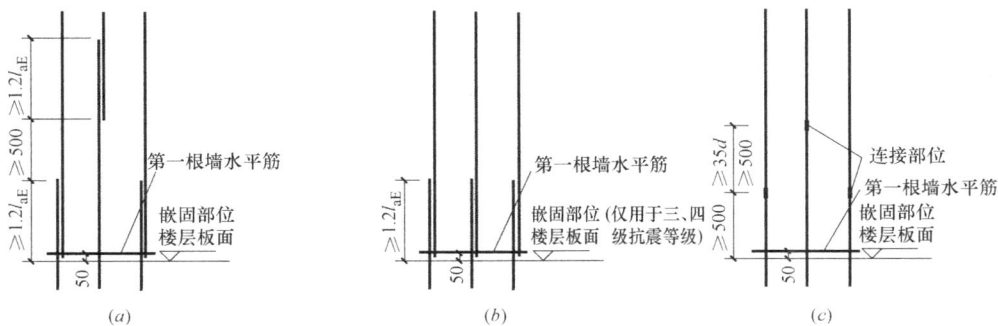

(a)

一、二级抗震等级的底部加强部位
光面钢筋应加弯钩且宜垂直于墙面

(b)

一、二级抗震等级的非底部加强部位，
三、四级抗震等级光面钢筋应加弯钩且
宜垂直于墙面

(c)

图 5.43 剪力墙竖向墙体分布筋连接构造

(a) 搭接连接（一）；(b) 搭接连接（二）；(c) 机械连接或焊接

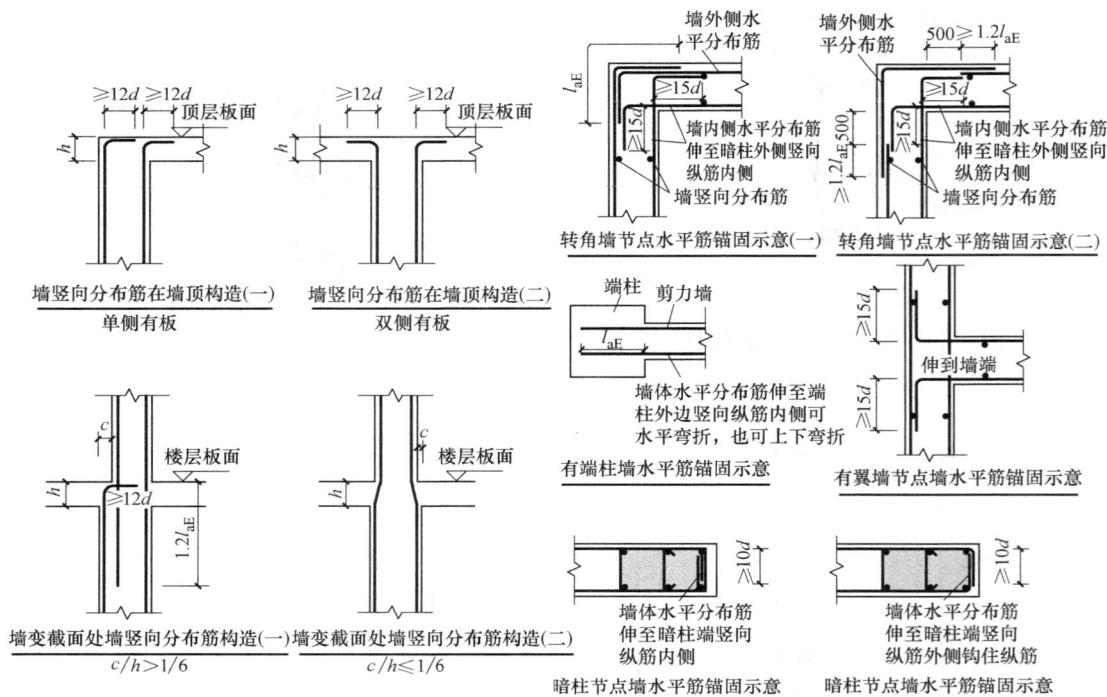

图 5.44 剪力墙竖向及水平分布筋锚固构造

5.8 框架剪力墙抗震构造及详图

1. 框架剪力墙抗震构造措施

框架—抗震墙结构的抗震墙厚度和边框设置，抗震墙的厚度不应小于160mm且不宜小于层高或无支长度的1/20，底部加强部位的抗震墙厚度不应小于200mm且不宜小于层高或无支长度的1/16。有端柱时，墙体在楼盖处宜设置暗梁，暗梁的截面高度不宜小于墙厚和400mm的较大值；端柱截面宜与同层框架柱相同，并应满足对框架柱的要求；抗震墙底部加强部位的端柱和紧靠抗震墙洞口的端柱宜按柱箍筋加密区的要求沿全高加密箍筋。抗震墙的竖向和横向分布钢筋，配筋率均不应小于0.25%，钢筋直径不宜小于10mm，间距不宜大于300mm，并应双排布置，双排分布钢筋间应设置拉筋。楼面梁与抗震墙平面外连接时，不宜支承在洞口连梁上；沿梁轴线方向宜设置与梁连接的抗震墙，梁的纵筋应锚固在墙内；也可在支承梁的位置设置扶壁柱或暗柱，并应按计算确定其截面尺寸和配筋。

2. 框架剪力墙抗震详图（图5.45～图5.50）

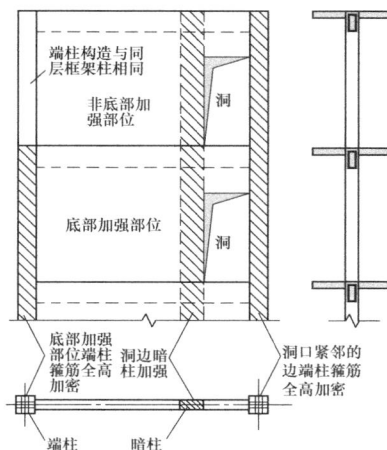

图 5.45 框架剪力墙结构中剪力
墙端柱的构造

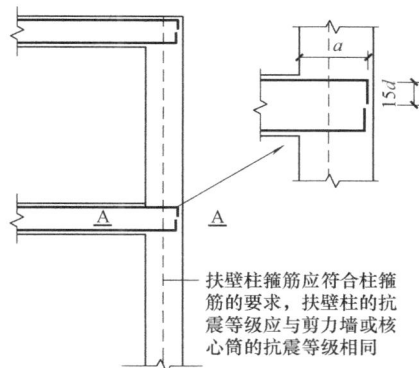

图 5.46 楼面梁与剪力墙平面
外连接加扶壁柱做法

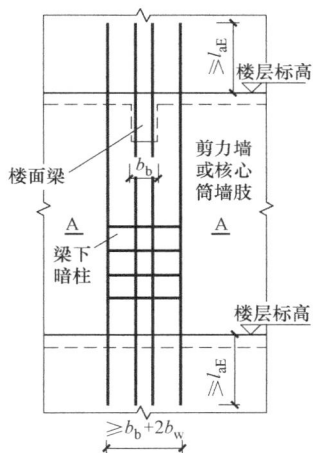

图 5.47 混凝土墙支承楼面梁处设暗柱做法

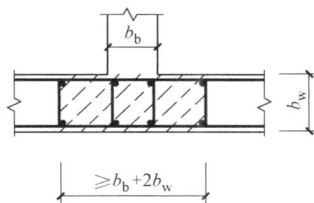

a—楼面梁纵筋锚固水平投影长度
$a \geqslant 0.4 l_{abE}$

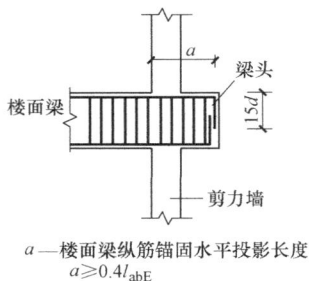

图 5.48 楼面梁伸出墙面形成梁头做法

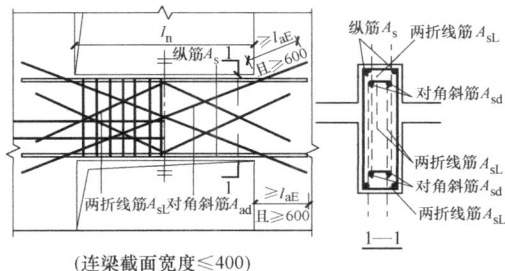

（连梁截面宽度≤400）

图 5.49 连梁交叉斜筋配置

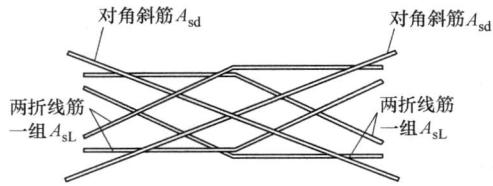

图 5.50 连梁跨高比 $\dfrac{l_n}{h} \leqslant 2.5$ 时配筋构造

思 考 题

1. 多层及高层钢筋混凝土结构的主要震害是什么？其发生机理如何？
2. 简述多层及高层钢筋混凝土结构抗震的设计要点。
3. 简述多层及高层钢筋混凝土结构抗震构造的一般规定。
4. 简述多层及高层钢筋混凝土结构抗震措施的具体做法。

第六章 钢结构抗震构造

6.1 钢结构震害分析

钢材基本上属各向同性的均质材料，具有轻质高强、延性好的性能，是一种很适宜于建造抗震结构的材料。在地震作用下，钢结构房屋由于钢材的材质均匀，强度易于保证，因而结构的可靠性大；轻质高强的特点，使钢结构房屋的自重轻，从而结构所受的地震作用减小；良好的延性，使钢结构具有很大的变形能力，即使在很大的变形下仍不致倒塌，从而保证结构的抗震安全性。但是，钢结构房屋如果设计与制造不当，在地震作用下，可能发生构件的失稳和材料的脆性破坏及连接破坏，而使其优良的材料性能得不到充分的发挥，结构不能发挥较高的承载力和延性。一般说来，钢结构房屋在强震作用下在强度方面是足够的，而且由于钢结构具有良好的延性，钢结构房屋的震害要较钢筋混凝土结构房屋的震害小得多。

根据震害调查，一些多层钢结构房屋，即使在设计时并没有考虑抗震，在强震下强度仍足够；但其侧向刚度一般不足，以致窗户及隔墙受到破坏。在世界上的历次强震中，钢结构的多层及高层建筑，只要是合理进行设计、制造和安装的，均未发生倒塌。钢结构单层厂房，根据我国震害调查，在 9 度地区承重结构本身均无任何破坏。钢结构在地震作用下虽极少整体倒塌，但常发生局部破坏，如梁、柱的局部失稳与整体失稳、交叉支撑的破坏、节点的破坏等。钢结构建筑的倒塌、钢柱的脆性断裂、支撑屈曲和数量较多的梁柱节点破坏，已引起了工程界的重视，并进行了相应的研究。根据震害发生位置，多高层钢结构在地震中的震害形式主要表现为节点连接破坏、构件整体或局部失稳、基础锚固破坏、结构倒塌、非结构构件破坏等。

1. 节点连接的破坏

框架梁柱节点区的破坏：诺斯里奇地震（1994 年 1 月 17 日，美国洛杉矶）时，产生了 H 形截面梁柱节点的典型破坏形式。大多数节点破坏发生在梁端下翼缘处的柱中，这可能是由于混凝土楼板与钢梁共同作用，使下翼缘应力增大，而下翼缘与柱的连接焊缝又存在较多缺陷造成的。焊缝连接处保留施焊时设置的衬板，造成下翼缘坡口熔透焊缝的根部不能清理和补焊，在衬板和柱翼缘板之间形成了一条"人工缝"，在该处形成的应力集中促进了脆性破坏的发生，这可能是造成破坏的重要原因之一。支撑连接的破坏：在多次地震中，钢结构建筑都出现过支撑与节点板连接的破坏或支撑失效的连接的破坏。支撑是框架—支撑结构中最主要的抗侧力部分，一旦地震发生，它将首当其冲承受水平地震作用，如果某层的支撑发生破坏，将使该层成为薄弱楼层，造成严重后果。采用螺栓连接的支撑破坏形式包括支撑截面削弱处的断裂、节点板端部剪切滑移破坏以及支撑杆件螺栓间的剪切滑移破坏。

节点连接破坏是地震中发生最多的一种破坏。节点连接的破坏形式主要有两种，一种是支撑连接破坏（图 6.1），另一种是梁柱连接破坏（图 6.2）。震害调查表明，支撑连接更易遭受地震破坏。

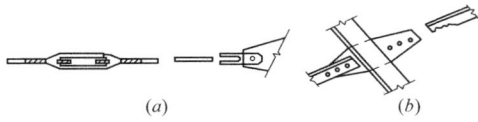

图 6.1　支撑连接破坏

（a）圆钢支撑连接破坏；（b）角钢支撑连接破坏

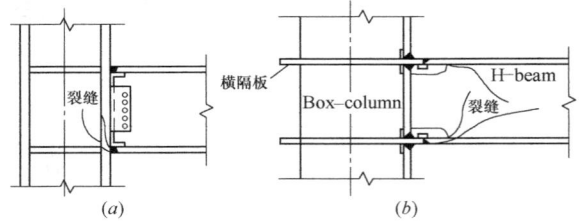

图 6.2　梁柱刚性连接的典型震害现象

（a）美国 Northridge 地震；（b）日本阪神地震

梁柱刚性连接破坏大多数发生在梁的下翼缘处，而上翼缘的破坏相对较少，主要原因是由于楼板与梁共同变形使下翼缘应力增大，并且下翼缘在腹板位置焊接的中断形成了一个明显的焊缝缺陷。震害调查表明，梁柱节点连接的破坏形式如图 6.3 所示。梁柱刚性连接裂缝或断裂破坏主要由焊缝缺陷、构造缺陷及焊缝三向受拉等原因造成。

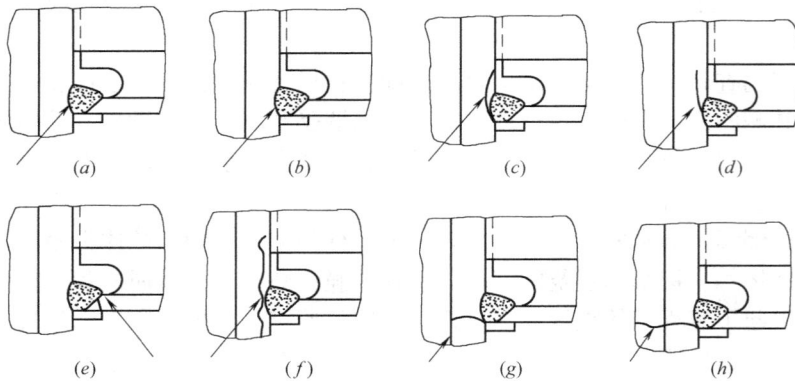

图 6.3　梁柱节点连接的主要破坏形式

（a）焊缝与柱翼缘完全撕裂；（b）焊缝与柱翼缘部分撕裂；（c）柱翼缘完全撕裂；（d）柱翼缘部分撕裂；
（e）焊趾处翼缘断裂；（f）柱翼缘层状断裂；（g）柱翼缘断裂；（h）柱翼缘和腹板部分断裂

结合震前研究，现在认为节点破坏与加劲板、补强板、腹板附加焊缝等设置，没有什么直接关系，也并不仅仅是由设计或施工不良所能说明问题，而是应从节点本身在根本性缺陷方面进一步找原因。有以下几方面因素，被认为是决定和影响节点性能而导致破坏的。

焊缝金属冲击韧性低的特点使得连接很容易产生脆性破坏，成为引发节点破坏的因素。对破坏的连接所作调查表明，在很多情况下，是由于焊接质量差引起的，这可以从许多缺陷中看出，许多焊缝明显违背了规范规定的焊接质量要求，不但焊接操作有问题，焊缝检查也有问题。有很多缺陷说明，裂缝是萌生在与柱子连接的下翼缘焊缝的中部梁腹板通过焊条的工艺孔附近，在该处下翼缘焊缝的中部焊缝施焊时往往在此处中断，使缺陷更为明显。该部位进行超声波检查也比较困难，因为梁腹板妨碍探头的探测。因此，主要的连接焊缝的破坏，就出现在由于施焊困难和探伤困难的下翼缘焊缝中部质量极差部位。而上翼缘的焊缝施焊和探伤不存在梁腹板妨碍的问题，因此上翼缘焊缝破坏较少，这一现象很可以说明问题。

在焊接实际工程中，往往焊接后将焊接衬板与引弧板留在原部位，这种做法已经表明，对连接的破坏具有重要影响。在加州大学进行的试验表明，留在原部位的衬板与柱翼缘之间会形成一条未熔化的垂直界面，相当于一条人工缝（图6.4），在梁翼缘的拉力作用下会使该裂缝扩大，引起脆性破坏。

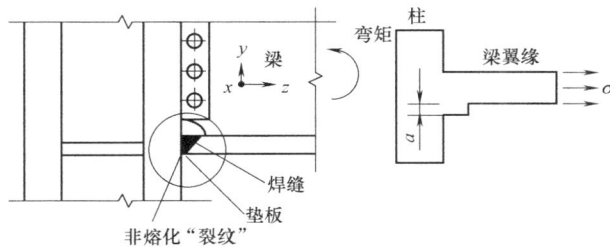

图 6.4　不熔接的衬板表面形成一条人工缝

用有限元分析亦表明，衬板与柱翼缘之间的这个缺口效应是很大的，会引发脆性破坏。研究指出由于切口部位受拉时的应力最大，破坏是三轴应力引起的，因此表现为脆性破坏，外观无屈服。按有限元模拟计算得出的最大应力集中系数，出现在梁翼缘焊接衬板连接处中部，破坏时裂缝从应力集中系数最大的地方开始。

当梁发展到塑性弯矩时，梁下翼缘坡口焊缝处会出现超高应力。超高应力的出现因素有：当螺栓连接的腹板不足以参加弯矩传递；因柱翼缘受弯导致梁翼缘中段存在着较大的集中应力；在供焊条通过的焊接工艺孔处，存在着附加集中应力。

有很多其他因素也被认为对节点破坏产生潜在影响，包括：梁的屈服应力比规定的最小值高出很多，柱翼缘板在厚度方向的抗拉强度和延性不确定；柱节点域过大的剪切屈服和变形产生的不利影响；组合楼板产生的负面影响等。这些影响因素可能还需要一定的时间讨论后才能弄清楚。

此外，钢材轧制时三个互交方向的非弹性性能和塑性性能不相同，轧制方向和延性好，另外两个方向较低，节点在柱翼缘处被拉开，就与材料的这种性能相关。还有，如今的钢材实际的屈服强度，已比原先的标准屈服强度高很多，而设计人员设计时往往还采用最低要求的标准设计，造成节点设计强度混乱、不合理，影响了实际节点的性状等，也都值得引起关注。

从受力情况看，若塑性铰出现在柱面附近的梁上，还可能在柱翼缘的材料中引起很大的厚度方向应变，并对焊缝金属及其周围的热影响区提出较高的塑性变形要求，这些情况也有可能导致脆性破坏。因此，为了取得可靠的性能，最好的方法应将梁柱连接在构造上使非弹性作用的塑性铰离开柱面（图6.5）。

钢框架设计应使通过梁跨内预定位置的截面出现塑性铰，并能提供所要求的塑性变形（图6.6）。梁柱节点设计应具有足够的承载力，并迫使塑性铰离开柱面。

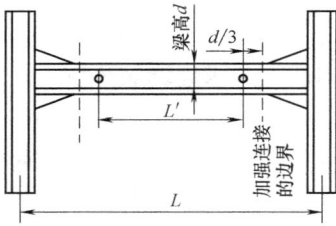

图 6.5　将塑性铰从柱面外移

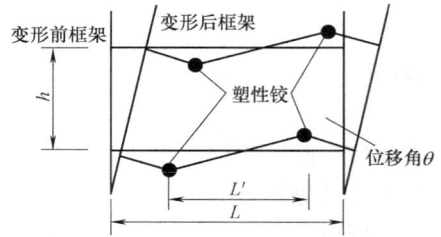

图 6.6　要求的塑性变形性状

将塑性铰位置从柱面外移有两种方法，一种是将节点部位局部加强，一种是在离开柱面一定距离处将梁截面局部削弱。钢梁中的塑性铰典型长度约为梁高的一半，当对节点局部加强时，可取塑性铰位置为距加强部分的边缘处梁高的 1/3。节点局部加强固然也可使塑性铰外移，但应十分注意不要因此出现弱柱，否则违背强柱弱梁的设计原则。

对节点局部加强及梁截面减弱的若干新型节点如图 6.7 所示。

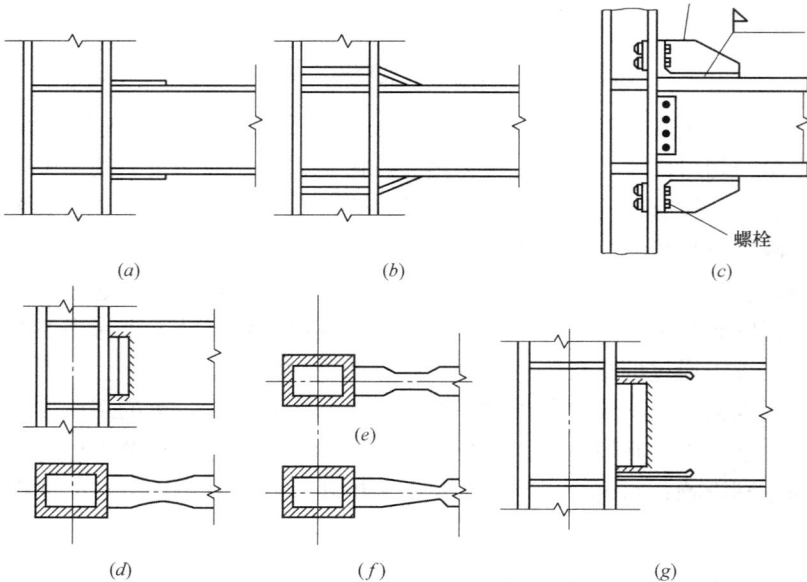

图 6.7　各种新型节点

盖板式节点（图 6.7a）是地震后最先提出的一种改进方案，也是地震后一段时间内最流行的节点形式，它的设计思想就是加强节点强度。这种节点在实验室进行的大尺寸试件研究时，延性要好于以往的节点，但有时也出现一些脆性破坏。对于这种节点，最大困难就是盖板与梁翼缘的焊接及其检测，特别是采用厚盖板时将使坡口焊很大，致使焊缝的收缩、复原等更加困难，同时更容易在梁翼缘和盖板的交界处产生更大的残余应力。

托座式节点是另一种改进方案（图 6.7b、图 6.7c），它用两个托座分别将梁的上下翼缘和柱翼缘连接起来，托座与梁翼缘一般通过焊缝连接，托座与柱翼缘则可通过铆接、螺栓连接或焊缝连接。其中，当托座与柱翼缘通过螺栓连接时一定要使用大的、高强度螺栓，以保证节点为刚性连接。这种节点形式在实验室研究中也表现出很好的延性，但造价相对较高。这种节点形式的设计思路是通过加强节点使得塑性铰出现在梁上。

狗骨式节点（图 6.7d、图 6.7e、图 6.7f）是近几年研究最多的一种节点形式，目前国外工程中已应用较多，我国在建的天津国贸大厦也使用这种节点。这种节点最主要的特点就是在梁的上下翼缘靠近节点外进行了削弱，根据削弱形状的不同分为直线形、锥形和圆弧形。这种节点形式的设计思想与托座式节点的共同之处就是迫使塑性铰偏离脆弱的焊缝，出现在梁上，然而托座式节点通过加强节点来减少焊缝处应力，而狗骨式节点是通过削弱梁来保护节点，即削弱部分梁起一个保险丝的作用。与托座式节点相比，狗骨式节点在设计思想上更先进一步，它针对普通节点塑性区小的缺陷，对梁进行合理的削弱，使得较长的一段梁几乎同步进入塑性，即真正做到了延性设计、充分发挥了钢材的塑性。这种节点最初给人们的感觉是削弱了梁，提高了延性。实际上，这种由于梁的削弱所造成的结构的刚度和承载力的降低非常小，研究表明：当梁的翼缘被削掉 50% 时，结构的刚度降低 6%～7%；当梁被削掉 40% 时，结构刚度将降低 4%～5%。

节缝式节点（图 6.7g）也是一种研究较多的节点形式。与普通节点相比，它就是将梁腹板靠近柱翼缘处沿梁翼缘轴线方向切上下两条缝。这种节点的设计思想不同于前几种节点，它针对普通节点数值翼缘应力分布不均匀的缺陷，通过切割两条缝来消除翼缘应力不均匀现象，同时使得塑性铰偏离焊缝出现在切缝的末端，并可有效地防止梁侧向扭转屈曲。改善节点性能和改进节点设计的途径还有选用较高冲击韧性的焊缝等。

2. 构件破坏

多高层建筑钢结构房屋构件破坏的主要形式为支撑构件的破坏和梁柱构件的破坏。支撑构件为结构提供了较大的侧向刚度，承受轴向拉力或压力，当支撑在地震中承受的压力超过其屈曲临界压力时，支撑将产生受压失稳破坏（图 6.8）。框架柱的破坏，主要有翼缘的屈曲、拼接处的裂缝、节点焊缝处裂缝引起的柱翼缘层状撕裂、甚至框架柱的脆性断裂，如图 6.9 所示。梁柱局部失稳：梁或柱在地震作用下反复受弯，在弯矩最大截面处附近由于过度弯曲可能发生翼缘局部失稳破坏（图 6.10、图 6.11）。柱水平裂缝或断裂破坏。1995 年日本阪神地震中，位于阪神地震区芦屋市海滨城的 52 栋高层钢结构住宅，有 57 根钢柱发生断裂，其中 13 根钢柱为母材断裂（图 6.12a），7 根钢柱在与支撑连接处断裂（图 6.12b），37 根钢柱在拼接焊缝处断裂。钢柱的断裂是出人意料的，分析原因认为：竖向地震使柱中出现动拉力，由于应变速率高，使材料变脆；加上地震时为日本严冬时期，

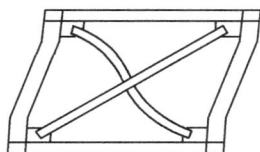

图 6.8 支撑的屈服

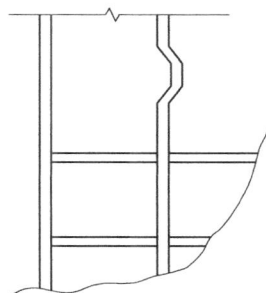

图 6.9 框架柱的破坏

钢柱位于室外，钢材温度低于 0℃；以及焊缝和弯矩与剪力的不利影响，造成柱水平断裂。

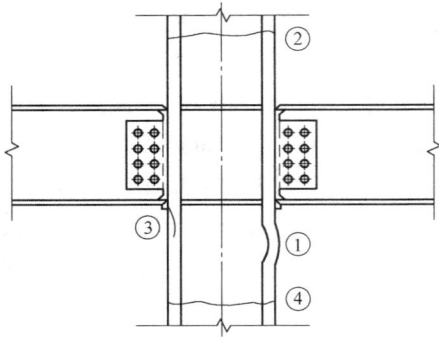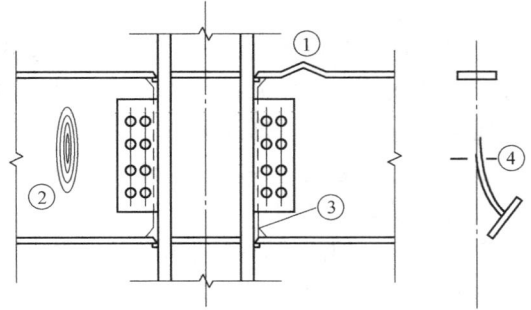

図 6.10　框架柱的主要破坏形式

①翼缘屈曲；②拼接处的裂缝；

③柱翼缘的层状撕裂；④柱的脆性断裂

図 6.11　框架梁的破坏形式

①翼缘屈曲；②腹板屈曲；

③腹板裂缝；④截面扭转屈曲

（a）　　　　　　　　　　　　　　　（b）

图 6.12　钢柱断裂

（a）母材断裂；（b）支撑处断裂

3. 锚固破坏

钢构件与基础的连接锚固破坏主要有螺栓拉断、混凝土锚固失效、连接板断裂等。主要是设计构造、材料质量、施工质量等方面出现问题所致。图 6.13、图 6.14 所示为地震钢柱脚出现锚固破坏的情况，原因显然是由于锚固传力强度不足造成混凝土剥落。

4. 结构倒塌

结构倒塌是地震中结构破坏最严重的形式，钢结构尽管抗震性能好，但在地震中也有倒塌的事例发生。1985 年墨西哥大地震中有 10 幢钢结构房屋倒塌，在 1995 年的日本阪神地震中，也有钢结构房屋倒塌。

表 6.1 所示是阪神地震中 Chou Ward 地区钢结构房屋震害情况。

图 6.13　柱脚破坏

图 6.14　钢柱与基础连接破坏

1995 年日本阪神地震中 Chou Ward 地区钢结构房屋震害情况　　表 6.1

建造年份	严重破坏或倒塌	中等破坏	轻微破坏	完好
1971 年以前	5	0	2	0
1971～1982 年	0	0	3	5
1982 年以后	0	0	1	7

　　钢结构房屋在地震中严重破坏或倒塌与结构抗震设计水平关系很大。1957 年和 1976 年，墨西哥结构设计规范分别进行过较大的修订，而 1971 年是日本钢结构设计规范修订的年份，1982 年是日本建筑标准法实施的年份，从表 6.1 知，由于新设计规范采纳了新研究成果，提高了结构抗震设计水平，在同一地震中按新规范设计建造的钢结构房屋倒塌的数量就要比按老规范设计建造的少得多。

　　5. 非结构构件破坏

　　在震害现象中，许多钢结构房屋的钢结构由于具有较大的承载能力和变形能力而未发生破坏，但一些非结构构件，如墙板、楼面板、屋面板或门、窗等受到破坏，如图 6.15 所示。其原因主要是因为这些构件自身强度不够或与结构构件的连接不良。根据对上述钢结构房屋的震害特征的分析，总结其破坏原因，主要有如下几点：结构的屈服强度系数和抗侧移刚度沿

图 6.15　围护墙破坏

高度不均匀造成了底层或中间某层成为薄弱层，从而发生薄弱层的整体破坏现象。构件的截面尺寸和局部构造如长细比、板件宽厚比设计不合理时，造成了构件的脆性断裂、屈曲和局部的破裂等。焊缝尺寸设计不合理或施工质量不过关造成了许多焊缝处出现裂缝破坏。梁柱节点的设计、构造以及焊缝质量等方面的原因造成了梁柱节点的脆性破坏。为了防止以上震害的出现，钢结构抗震设计应符合以下各节中的一些规定和抗震构造措施。

6.2 高层钢结构的地震作用计算

高层钢结构的地震作用计算应依据实际房屋的平、立面布置的规则性，结构楼层质量和刚度的变化情况，确定能较好地反映结构地震反应实际的分析方法。

1. 高层钢结构房屋的阻尼比

由于高层钢结构房屋的阻尼比较钢筋混凝土结构和砌体结构等要小一些，因此，对"小震"作用下高层钢结构的反应分析，其阻尼比可采用0.02。而在罕遇强烈地震作用下，钢结构构件会出现塑性铰后，其刚度的退化较为明显，非结构构件的破坏和构件钢材屈服及产生塑性铰等使得结构阻尼也发生变化，所以在罕遇地震作用下的结构反应分析，其阻尼比可采用0.05。

2. 初步计算和确定结构方案时的地震作用简化计算

由于高层钢结构房屋的层数较多和平面一般较为复杂，所以在抗震设计中需要进行空间模型的仔细分析。但对于在确定方案阶段就显得过于复杂，较为简化的计算方法是合适的。

1）结构基本周期的近似计算和估算

对于重量及刚度沿高度分布较为均匀的高层钢结构，基本周期可按下式进行近似计算：

$$T_1 = 1.7\phi_r \sqrt{u_n} \tag{6.1}$$

式中　T_1——结构的基本周期；

ϕ_r——考虑非结构构件对结构周期的影响，一般可取为0.9；

u_n——结构顶点侧移。

对于初步计算时，高层钢结构的基本周期可按下式进行估算：

$$T_1 = 0.1n \tag{6.2}$$

式中　n——建筑物总层数（不包括地下部分及屋顶小塔楼等）。

2）水平地震作用的简化计算

对于高层钢结构的水平地震作用简化计算，可仍然采用底部剪力法。但需要解决两个问题，一是结构等效总重力荷载的取值，二是水平地震作用沿高度的分布。

关于结构等效总重力荷载的取值问题，在结构各楼层重力代表值、层高大体相同时，随着结构楼层总层数的增多，其等效系数的取值有所减小，但其最小值为0.75。考虑到初步估算地震作用宜偏于安全一些，其等效系数可取为0.8。

关于水平地震作用沿高度的分布，可以通过对典型实例进行振型分解法与简化方法的比较来得到。

在高层钢结构初步估算中，采用底部剪力法计算水平地震作用的计算公式为：

$$F_{EK} = \alpha_1 G_{eq} \tag{6.3}$$

$$F_i = \frac{G_i H_i}{\sum_{j=1}^{n} G_j H_j} F_{Ek}(1 - \delta_n) \tag{6.4}$$

$$\delta_n = \frac{1}{T_1 + 8} + 0.05 \tag{6.5}$$

式中 α_1——相应于结构基本周期 T_1 的水平地震作用影响系数，T_1 可按式（6.1）计算；

  G_{eq}——结构的等效总重力荷载，取总重力荷载代表值的 80%；

G_i、G_j——分别为第 i、j 层重力荷载代表值；

H_i、H_j——分别为第 i、j 层楼盖距底部固定端的高度；

F_{Ek}、F_i——分别为总的和第 i 层的水平地震作用标准值；

  δ_n——顶部附加地震作用系数。

6.3 构件截面抗震验算

1. 框架柱

在框架结构中梁的延性较柱的延性要好一些，柱为竖向及抗侧力的主要构件，所以要求在强烈地震作用下梁先于柱出塑性铰，以更好地发挥梁柱构件的变形和耗能能力，这就提出了强柱弱梁要求。

一般情况下，高层钢框架节点左右两梁和上下柱的全塑性受弯承载力应符合下列要求：

$$\sum W_{pc}(f_{yc} - N/A_c) \geqslant \eta \sum W_{pb} f_{yb} \tag{6.6}$$

$$\psi(M_{pb1} + M_{pb2})/V_p \leqslant (4/3) f_v \tag{6.7}$$

式中 W_{pc}、W_{pb}——分别为柱和梁的塑性截面模量；

  M_{pb1}，M_{pb2}——分别为节点域两侧梁的全塑性受弯承载力；

    N——柱轴向压力设计值；

    A_c——柱截面面积；

    V_p——节点域的体积，按式（6.8）和式（6.9）计算；

  f_{yc}、f_{yb}——分别为柱和梁的钢材屈服强度设计值；

    f_v——钢材的抗剪强度设计值；

    η——强柱系数，6 度 $\mathbb{N}$ 类场地和 7 度取 1.0，8 度取 1.05，9 度取 1.15；

    ψ——折减系数，6 度 $\mathbb{N}$ 类场地和 7 度取 0.6，8 度取 0.7。

  工字形截面柱 $V_p = h_b h_c t_w$ (6.8)

  箱形截面柱 $V_p = 1.8 h_b h_c t_w$ (6.9)

式中 V_p——节点域的体积；

  h_b、h_c——分别为梁腹板高度和柱腹板高度；

    t_w——柱在节点域的腹板厚度。

当柱的轴向力 $N \leqslant 0.4 f A_c$（f 为钢材抗拉强度设计值）或柱的轴向力 $N > 0.4 f A_c$，但地震加大一倍时的柱组合轴向力 $N_1 \leqslant \phi f A_c$（ϕ 为轴线受压构件的稳定系数）以及该柱所在楼层的抗剪承载力较上一层的抗剪承载力高 25% 时，可不进行强柱弱梁的验算，即强柱系数为 1.0。

2. 钢梁

钢梁构件除与钢筋混凝土梁一样，均应进行受弯和受剪承载力的验算外，还应进行稳定的验算。

（1）钢筋梁的受弯承载力验算可按下式进行：

$$\frac{M_{\mathrm{x}}}{\gamma_{\mathrm{x}}W_{\mathrm{nx}}} \leqslant f \tag{6.10}$$

式中　M_{x}——梁对 x 轴的弯矩计值；

　　　W_{nx}——梁对 x 轴的净截面抵抗矩；

　　　γ_{x}——截面塑性发展系数，非抗震设防时按现行国家标准《钢结构设计规范》GB 50017 的规定采用，抗震设计时宜取 1.0；

　　　f——钢材强度设计值，抗震设计时应除以 γ_{RE}。

（2）梁的稳定，除设置刚性铺板情况外，应按下式计算：

$$\frac{M_{\mathrm{x}}}{\varphi_{\mathrm{b}}W_{\mathrm{x}}} \leqslant f \tag{6.11}$$

式中　W_{x}——梁的毛截面抵抗矩（单轴对称者以受压翼缘为准）。

　　　φ_{b}——梁的整体稳定系数，按现行国家标准《钢结构设计规范》GB 50017 的规定确定。当梁在端部仅以腹板与柱（或主梁）相连时，φ_{b}（或当 $\varphi_{\mathrm{b}} > 0.6$ 时的 φ_{b}）应乘以降低系数 0.85。

　　　f——钢材强度设计值，抗震设计时应除以 γ_{RE}。

（3）在主平面内受弯的实腹构件，其抗剪强度应按下式计算：

$$\tau = \frac{VS}{It_{\mathrm{w}}} \leqslant f_{\mathrm{V}} \tag{6.12}$$

框架梁端部截面的抗剪强度，应按下式计算：

$$\tau = V/A_{\mathrm{Vn}} \leqslant f_{\mathrm{V}} \tag{6.13}$$

式中　V——计算截面沿腹板平面作用的剪力；

　　　S——计算剪应力处以上毛截面对中和轴的面积矩；

　　　I——毛截面惯性矩；

　　　t_{w}——腹板厚度；

　　　A_{Vn}——扣除扇形切角和螺栓孔后的腹板受剪面积。

3. 中心支撑

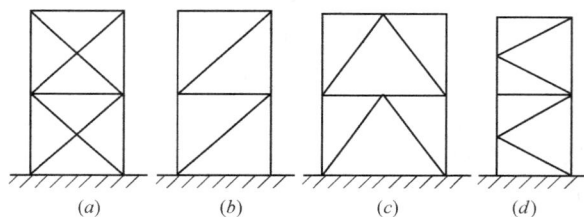

图 6.16　中心支撑类型

高层钢结构的中心支撑宜采用下列形式：十字交叉斜杆（图 6.16a）、单斜杆（图 6.16b）、人字形斜杆（图 6.16c）或 V 形斜杆体系。在抗震设防区不得采用 K 形斜杆体系（图 6.16d），这种 K 形斜杆支撑体系，在地震作用下使得斜杆与柱中交叉接触受到较大的侧向集中力，使柱更容易侧向失稳和使柱在此处形成较大的侧向弯矩。

中心支撑的斜杆可按端部铰接杆件进行分析。当斜杆轴线偏离梁柱轴线交点不超过支撑杆件的宽度时，仍可按中心支撑框架分析，但应考虑由此产生的附加弯矩。

支撑斜杆的受压承载力应按下式验算：

$$N/(\varphi A_{br}) \leqslant \psi f_y / \gamma_{RE} \tag{6.14}$$

$$\psi = 1/(1+0.35\lambda_n) \tag{6.15}$$

$$\lambda_n = (\lambda/\pi)\sqrt{f_y/E} \tag{6.16}$$

式中　N——支撑斜杆的轴向力设计值；

$\quad\quad A_{br}$——支撑斜杆的截面面积；

$\quad\quad \varphi$——轴心受压构件的稳定系数；

$\quad\quad \psi$——受循环荷载时的强度降低系数；

$\quad\quad \lambda_n$——支撑斜杆的正则化（归一化）长细比；

$\quad\quad E$——支撑斜杆材料的弹性模量；

$\quad\quad \gamma_{RE}$——支撑承载力抗震调整系数，取 0.8。

对于人字支撑和 V 形支撑的横梁在支撑连接处应保持连续。在验算横梁时，除应承受支撑斜杆传来的内力外，尚应满足在考虑支撑的支点作用将横梁视为简支梁时在竖向荷载下的承载力要求。但对于高层钢结构顶层和塔楼的横梁可按实际作用计算。

人字支撑和 V 形支撑的地震组合内力设计值应乘以增大系数，6、7 度取 1.3，8 度取 1.4。

4. 偏心支撑

偏心支撑框架中的支撑斜杆，应至少一端与梁连接（不在柱节点处），另一端可连接在梁与柱相交处，或在偏离另一支撑的连接点与梁连接，并在支撑与柱之间或在支撑之间形成耗能梁段（图 6.17）。在强烈地震作用下该耗能梁段率先屈服消耗地震的能量，而其余区段仍处于弹性状态。

1）消能梁段的受剪承载力应按下列公式进行验算：

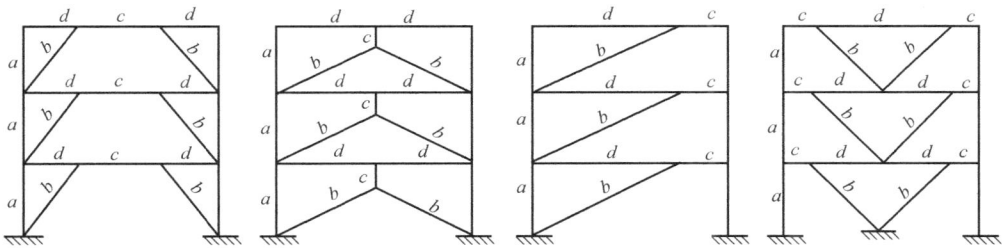

图 6.17　偏心支撑示意图

（其中 a 为柱，b 为支撑，c 为消耗梁段，d 为其他梁段）

当 $N \leqslant 0.15Af$ 时：

$$V \leqslant \varphi V_1 / \gamma_{RE} \tag{6.17}$$

$V_1 = A_W f_v^a$ 或 $V_1 = 2M_{1p}/\alpha$，取较小值

$$A_W = (h-2t_f)t_W$$

$M_{1p} = W_p F$

当 $N > 0.15AF$ 时：

$$V_{1c} = A_W f_v^a \sqrt{1-[N/(Af)]^2} \tag{6.18}$$

　　或 $V_{1c}=2.36M_{1p}\,[1-N/(Af)]/\alpha$，取较小值

式中　V、N——分别为耗能梁段的剪力设计值和轴力设计值；

　　V_1、V_{1c}——分别为耗能梁段的受剪承载力和考虑轴力影响的受剪承载力；

　　　　M_{1p}——耗能梁段的全塑性受弯承载力；

α，h，t_W，t_f——分别为耗能梁段的长度、截面高度、腹板厚度和翼缘厚度；

　　A、A_W——分别为耗能梁段的截面面积和腹板截面面积；

　　　　W_p——耗能梁段的塑性截面模量；

　　f、f_v^a——分别为耗能梁段钢材的抗拉强度设计值和抗剪强度设计值；

　　　　γ_{RE}——耗能梁段承载力抗震调整系数，取 1.0。

　　2) 偏心支撑框架构件的内力设计值，应按下列要求调整：

　　(1) 偏心支撑斜杆的内力设计值，应取与支撑斜杆相连接的耗能梁段达到受剪屈服承载力时的支撑斜杆内力，8、9 度时尚应乘以 1.6 的增大系数。

　　(2) 位于同一跨的框架梁内力设计值，应取耗能梁段达到受剪承载力时框架梁的内力，8、9 度时尚应乘以 1.5 的增大系数。

　　(3) 偏心支撑框架梁柱的内力设计值，应取耗能梁段达到受剪承载力时柱的内力，8、9 度时尚应乘以 1.5 的增大系数。

　　3) 支撑斜杆与耗能梁段连接的承载力不得小于支撑的承载力。若支撑需抵抗弯矩，支撑与梁的连接应按抗弯连接设计。

　　5. 连接

　　抗震结构设计对连接的要求是，在构件未失效前其连接部位不能失效，也就是说连接部位应能确保构件作用的发挥。在高层钢结构中主要有梁与梁的连接，柱与柱的连接，梁与柱的连接，支撑与框架梁、柱的连接等。

　　(1) 梁与柱连接的最大承载力，应符合下列要求：

$$M_u\geqslant 1.2M_p \tag{6.19}$$

$$V_u\geqslant 1.3(2M_p/l_n) \tag{6.20}$$

$$M_u=A_f(h-t_f)f_u \tag{6.21}$$

$$V_u=0.581A_f^w f_u^w \quad \text{（腹板用角焊缝连接）} \tag{6.22}$$

$$V_u=0.581nA_n^b f_u^b \quad \text{（腹板用螺栓连接）} \tag{6.23}$$

$$V_u=d\sum t f_u^b \quad \text{（钢板承压）} \tag{6.24}$$

式中　M_u——按极限抗拉强度最小值计算的节点处梁构件翼缘连接受弯承载力；

　　　　V_u——按极限抗拉强度最小值计算的节点处梁腹板连接受剪承载力；

　　　　M_p——梁构件（梁贯通时为柱）的全塑性受弯承载力；

　　　　l_n——梁的净跨（梁贯通时取该楼层柱的净高）；

　　　　A_f——梁的一个翼缘的截面面积；

　　　　h——梁截面高度；

　　　　t_f——梁翼缘厚度；

　　　　f_u^w——焊缝材料的极限强度最小值；

　　　　A_f^w——梁腹板与柱连接角焊缝的有效受剪面积；

A_n^b——螺栓螺纹处的净截面面积；

f_u^b——螺栓钢材极限抗拉强度最小值；

n——螺栓连接的剪切面数量；

d——螺栓直径。

在柱贯通连接中，当梁翼缘用全熔透焊缝与柱连接并用引弧板时，可不验算连接的受弯承载力。

（2）支撑与框架连接处和支撑拼接处的承载力应满足下式要求：

$$N_{ubr} \geq 1.2A_n f_{ay} \tag{6.25}$$

$$N_{ubr} = 0.581 n A_n^b f_u^b \quad （螺栓受剪） \tag{6.26}$$

$$N_{ubr} = d \sum t f_c^b \quad （螺栓受剪） \tag{6.27}$$

式中 N_{ubr}——按极限抗拉强度最小值计算的支撑杆件在连接处和拼接处的承载力节点板（或连接板）的承载力；

A_n——支撑的净截面面积；

f_{ay}——支撑钢材的屈服强度。

（3）梁与梁、柱与柱构件拼接处的承载力应符合下列规定：

$$V_u \geq 1.3V_p \tag{6.28}$$

$$V_p = 0.58h_w t_w f_y \tag{6.29}$$

无轴向力时，$M_u \geq 1.2M_p$

有轴向力时，$M_u \geq 1.2M_{pc}$

式中 V_u——按极限强度最小值计算的腹板拼接受剪承载力；

V_p——构件截面的屈服受剪承载力；

M_{pc}——构件有轴向力时的全截面受弯承载力，按式（6.30）～式（6.33）计算；

h_w——构件腹板的截面高度；

t_w——构件腹板的厚度。

有轴向力时工字形截面（绕强轴）和箱形截面的全截面受弯承载力按下列公式计算：

$$当 N/N_y \leq 0.13 时, M_{pc} = M_p \tag{6.30}$$

$$当 N/N_y > 0.13 时, M_{pc} = 1.15 （1 - N/N_y）M_p \tag{6.31}$$

有轴向力时工字形截面（绕弱轴）的全截面受弯承载力按下列公式计算：

$$当 N/N_y \leq A_w/A 时, M_{pc} = M_p \tag{6.32}$$

$$当 N/N_y > A_w/A 时, M_{pc} = \left[1 - \left(\frac{N - A_w f_y}{N_y - A_w f_y}\right)^2\right] M_p \tag{6.33}$$

式中 N、N_y——分别为构件的轴向力和轴向屈服承载力；

A、A_w——分别为构件截面的面积和腹板截面的面积。

6.4 钢结构抗震设计的一般规定

钢框架结构构造简单、传力明确，侧移刚度沿高度分布均匀，结构整体侧向变形为剪切型（多层），抗侧移能力主要取决于框架梁、柱的抗弯能力。如构造设计合理，在强震发生时，结构陆续进入屈服的部位是框架节点域、梁、柱构件，结构的抗震能力取决于塑性屈服机制以及梁、柱、节点的耗能。当层数较多时，控制结构性能的设计参数不再是构件的抗弯能力，而是结构的抗侧移刚度和延性。因此，从经济角度看，这种结构体系适合于建造 20 层以下的中低层房屋。另外，研究及震害调查表明，以梁铰屈服机制设计的框架结构抗震性能较好，易于实现"小震不坏、大震不倒"的经济型抗震设防目标。

　　钢框架—支撑体系可分为中心支撑类型（图 6.18）和偏心支撑类型（图 6.19）。中心支撑结构使用中心支撑构件，增加了结构的抗侧移刚度，可更有效地利用构件的强度，提高抗震能力，适合于建造更高的房屋结构，在强烈地震作用下，支撑结构率先进入屈服，可以保护或者延缓主体结构的破坏，这种结构具有多道抗震防线。中心支撑框架结构构件简单，实际工程应用较多。但是由于支撑构件刚度大，受力较大，容易发生整体或者局部失稳，导致结构总体刚度和强度降低较快，不利于结构抗震能力的发挥，必须注意其构造设计。带有偏心支撑的框架—支撑结构，具备中心支撑体系侧向刚度大、具有多道抗震防线的优点，还适当减少了支撑构件的轴向力，进而减小了支撑失稳的可能性。由于支撑点位置偏离框架节点，便于在横梁内设计用于消耗地震能量的消能梁段。强震发生时，耗能梁段率先屈服，消耗大量地震能量，保护主体结构，形成了新的抗震防线，使得结构整体抗震性能，特别是结构延性大大加强。这种结构体系适合于在高烈度地区建造高层建筑。

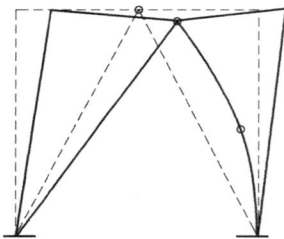

图 6.18　地震作用下中心支撑的变形　　　　图 6.19　偏心支撑框架的耗能机制

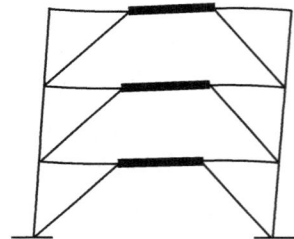

　　钢框架—抗震墙板结构，使用带竖缝或带水平缝的剪力墙板、内藏支撑混凝土墙板、钢抗震墙板等，提供需要的侧向刚度。其中，带缝剪力墙板在弹性状态下具有较大的抗侧移刚度，在强震下可进入屈服阶段并耗能。这种结构具有多道抗震防线，同实体剪力墙板相比，其特点是刚度退化过程平缓，整体延性好，在日本使用较多。

　　1. 钢结构房屋适用的最大高度

　　钢结构民用房屋的结构类型和最大高度应符合表 6.2 的规定。平面和竖向均不规则的钢结构，适用的最大高度宜适当降低。钢支撑—混凝土框架和钢框架—混凝土筒体结构的抗震设计，应符合《抗震规范》附录 G 的规定；多层钢结构厂房的抗震设计，应符合《抗震规范》附录 H 第 H.2 节的规定。

钢结构房屋适用的最大高度（m）　　　　　　　　　　　　　　　　表 6.2

结构类型	6、7 度	7 度	8 度		9 度
	(0.10g)	(0.15g)	(0.20g)	(0.30g)	(0.40g)
框架	110	90	90	70	50
框架—中心支撑	220	200	180	150	120

续表

结构类型	6、7度	7度	8度		9度
	(0.10g)	(0.15g)	(0.20g)	(0.30g)	(0.40g)
框架—偏心支撑 （延性墙板）	240	220	200	180	160
筒体(框筒、筒中筒、 桁架筒、束筒) 和巨型框架	300	280	260	240	180

房屋高度指室外地面到主要屋面板板顶的高度（不包括局部突出屋顶部分）；超过表内高度的房屋，应进行专门研究和论证，采取有效的加强措施；表内的筒体不包括混凝土筒。

钢结构民用房屋的最大高宽比不宜超过表 6.3 的规定。

钢结构民用房屋适用的最大高宽比 表 6.3

烈度	6、7度	8度	9度
最大高宽比	6.5	6	5.5

钢结构房屋应根据设防分类、烈度和房屋高度采用不同的抗震等级，并应符合相应的计算和构造措施要求。丙类建筑的抗震等级应按表 6.4 确定。

钢结构房屋的抗震等级 表 6.4

房屋高度	6度	7度	8度	9度
≤50m	—	四	三	二
>50m	四	三	二	一

注：高度接近或等于高度分界时，应允许结合房屋不规则程度和场地、地基条件确定抗震等级；一般情况下，构件的抗震等级应与结构相同；当某个部位各构件的承载力均满足 2 倍地震作用组合下的内力要求时，7～9 度的构件抗震等级应允许按降低 1 度确定。

2. 框架—支撑结构的钢结构房屋

支撑框架在两个方向的布置均宜基本对称，支撑框架之间楼盖的长宽比不宜大于 3。三、四级且高度不大于 50m 的钢结构宜采用中心支撑，也可采用偏心支撑、屈曲约束支撑等消能支撑。中心支撑框架宜采用交叉支撑，也可采用人字支撑或单斜杆支撑，不宜采用 K 形支撑；支撑的轴线宜交会于梁柱构件轴线的交点，偏离交点时的偏心距不应超过支撑杆件宽度，并应计入由此产生的附加弯矩。当中心支撑采用只能受拉的单斜杆体系时，应同时设置不同倾斜方向的两组斜杆，且每组中不同方向单斜杆的截面面积在水平方向的投影面积之差不应大于 10％。偏心支撑框架的每根支撑应至少有一端与框架梁连接，并在支撑与梁交点和柱之间或同一跨内另一支撑与梁交点之间形成消能梁段。采用屈曲约束支撑时，宜采用人字支撑、成对布置的单斜杆支撑等形式，不应采用 K 形或 X 形，支撑与柱的夹角宜在 35°～55°之间。屈曲约束支撑受压时，其设计参数、性能检验和作为两种消能部件的计算方法可按相关要求设计。钢框架—筒体结构，必要时可设置由筒体外伸臂或外伸臂和周边桁架组成的加强层。

3. 钢结构房屋的楼盖

宜采用压型钢板现浇钢筋混凝土组合楼板或钢筋混凝土楼板，并应与钢梁有可靠连接。对 6、7 度时不超过 50m 的钢结构，尚可采用装配整体式钢筋混凝土楼板，也可采用装配式楼板或其他轻型楼盖；但应将楼板预埋件与钢梁焊接，或采取其他保证楼盖整体性的措施。对转换层楼盖或楼板有大洞口等情况，必要时可设置水平支撑。

4. 钢结构房屋的地下室设置

设置地下室时，框架—支撑（抗震墙板）结构中竖向连续布置的支撑（抗震墙板）应延伸至基础；钢框架柱应至少延伸至地下一层，其竖向荷载应直接传至基础。超过 50m 的钢结构房屋应设置地下室。其基础埋置深度，当采用天然地基时不宜小于房屋总高度的 1/15；当采用桩基时，桩承台埋深不宜小于房屋总高度的 1/20。

5. 钢结构房屋其他

钢结构房屋需要设置防震缝时，缝宽应不小于相应钢筋混凝土结构房屋的 1.5 倍。

一、二级的钢结构房屋，宜设置偏心支撑、带竖缝钢筋混凝土抗震墙板、内藏钢支撑钢筋混凝土墙板、屈曲约束支撑等消能支撑或筒体。采用框架结构时，甲、乙类建筑和高层的丙类建筑不应采用单跨框架，多层的丙类建筑不宜采用单跨框架。

6.5 多、高层钢结构抗震构造及详图

1. 框架梁、柱的一般要求

框架柱的长细比一级不应大于 $60\sqrt{235/f_{ay}}$，二级不应大于 $80\sqrt{235/f_{ay}}$，三级不应大于 $100\sqrt{235/f_{ay}}$，四级不应大于 $120\sqrt{235/f_{ay}}$。框架梁、柱板件宽厚比，应符合表 6.5 的规定。

框架梁、柱板件宽厚比限值   表 6.5

板件名称	一级	二级	三级	四级
工字形截面翼缘外伸部分	10	11	12	13
工字形截面腹板	43	45	48	52
箱形截面壁板	33	36	38	40
工字形截面和箱形截面翼缘外伸部分	9	9	10	11
箱形截面翼缘在两腹板之间部分	30	30	32	36
工字形截面和箱形截面腹板	$72\sim120N_b/(A_f)\leqslant60$	$72\sim100N_b/(A_f)\leqslant65$	$80\sim110N_b/(A_f)\leqslant70$	$85\sim120N_b/(A_f)\leqslant75$

注：1. 表列数值适用于 Q235 钢，采用其他牌号钢材时，应乘以 $\sqrt{235/f_{ay}}$。

2. $N_b/(A_f)$ 为梁轴压比。

梁柱构件受压翼缘应根据需要设置侧向支承。梁柱构件在出现塑性铰的截面，上下翼缘均应设置侧向支承。相邻两侧向支承点间的构件长细比，应符合现行国家标准《钢结构设计规范》GB 50017 的有关规定。

梁与柱的连接宜采用柱贯通型。柱在两个互相垂直的方向都与梁刚接时宜采用箱形截面，并在梁翼缘连接处设置隔板；隔板采用电渣焊时，柱壁板厚度不宜小于 16mm，小于

16mm 时可改用工字形柱或采用贯通式隔板。当柱仅在一个方向与梁刚接时，宜采用工字形截面，并将柱腹板置于刚接框架平面内。工字形柱（绕强轴）和箱形柱与梁刚接时应符合（图 6.20）。

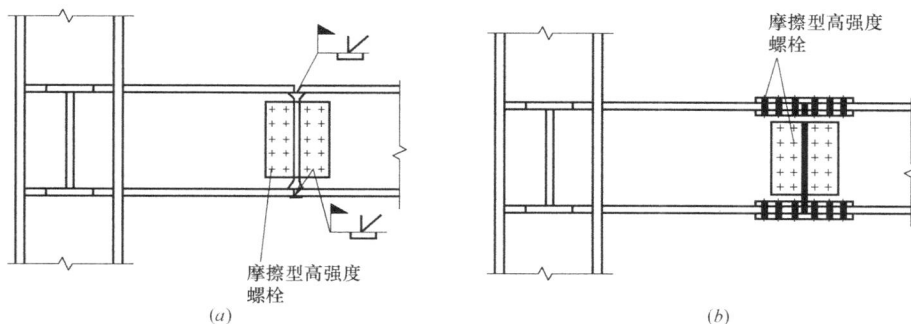

图 6.20　框架梁与柱的现场连接

梁翼缘与柱翼缘间应采用全熔透坡口焊缝；一、二级时，应检验焊缝的 V 形切口冲击韧性，其夏比冲击韧性在 −20℃时不低于 27J；柱在梁翼缘对应位置应设置横向加劲肋（隔板），加劲肋（隔板）厚度不应小于梁翼缘厚度，强度与梁翼缘相同；梁腹板宜采用摩擦型高强度螺栓与柱连接板连接（经工艺试验合格能确保现场焊接质量时，可用气体保护焊进行焊接）；腹板角部应设置焊接孔，孔形应使其端部与梁翼缘和柱翼缘间的全熔透坡口焊缝完全隔开；腹板连接板与柱的焊接，当板厚不大于 16mm 时应采用双面角焊缝，焊缝有效厚度应满足等强度要求，且不小于 5mm；板厚大于 16mm 时采用 K 形坡口对接焊缝。该焊缝宜采用气体保护焊，且板端应绕焊；一级和二级时，宜采用能将塑性铰自梁端外移的端部扩大形连接、梁端加盖板或骨形连接。

框架梁采用悬臂梁段与柱刚性连接时（图 6.21），悬臂梁段与柱应采用全焊接连接，此时上下翼缘焊接孔的形式宜相同；梁的现场拼接可采用翼缘焊接，腹板螺栓连接。

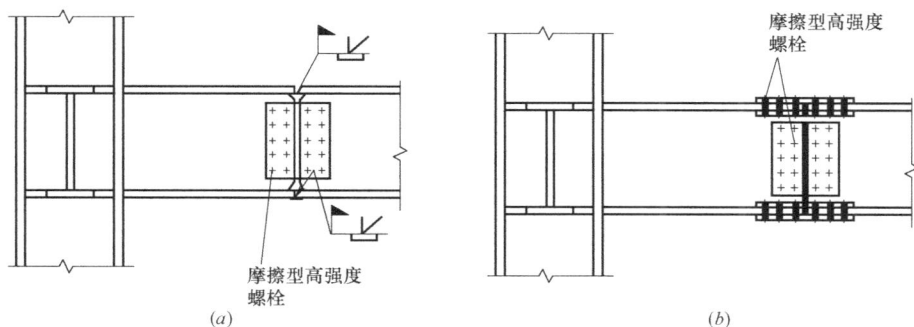

图 6.21　框架柱与悬臂梁段的连接

箱形柱在与梁翼缘对应位置设置的隔板，应采用全熔透对接焊缝与壁板相连。工字形柱的横向加劲肋与柱翼缘，应采用全熔透对接焊缝连接，与腹板可采用角焊缝连接。

钢结构的刚接柱脚宜采用埋入式，也可采用外包式；6、7 度且高度不超过 50m 时也可采用外露式。

2. 多、高层钢结构抗震构造详图（图6.22～图6.33）

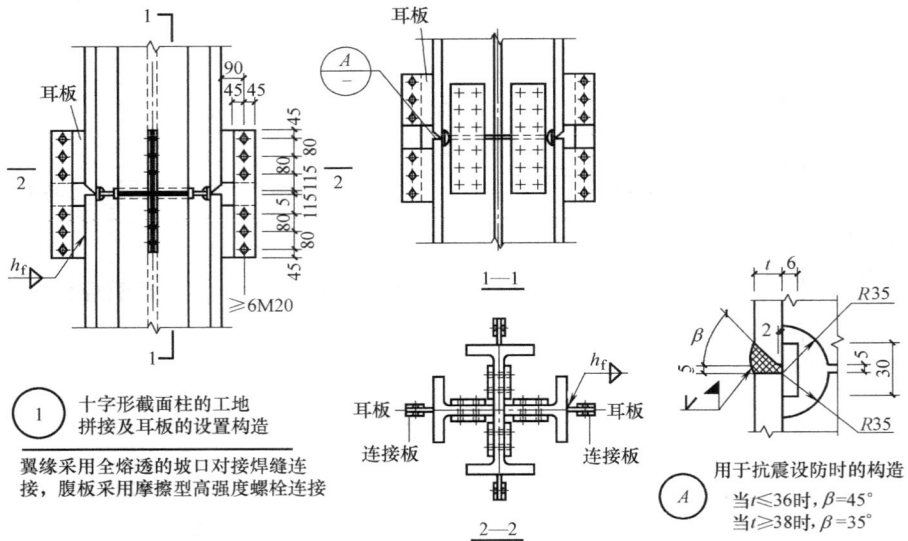

图6.22　柱的工地拼接

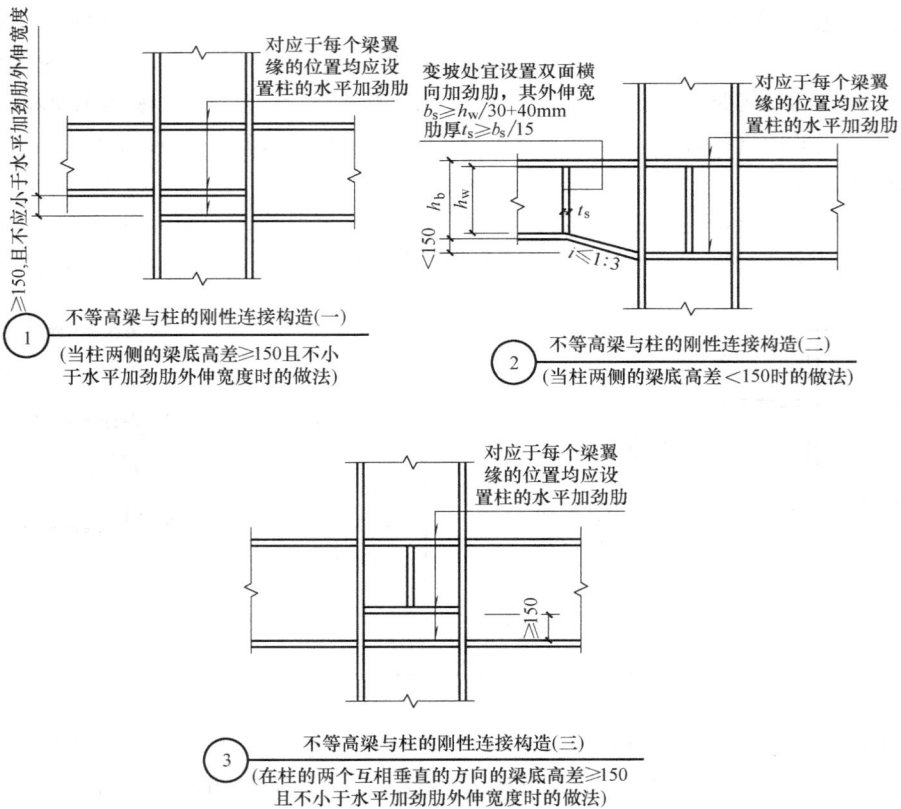

图6.23　柱两侧梁高不等时柱内水平加劲肋的设置

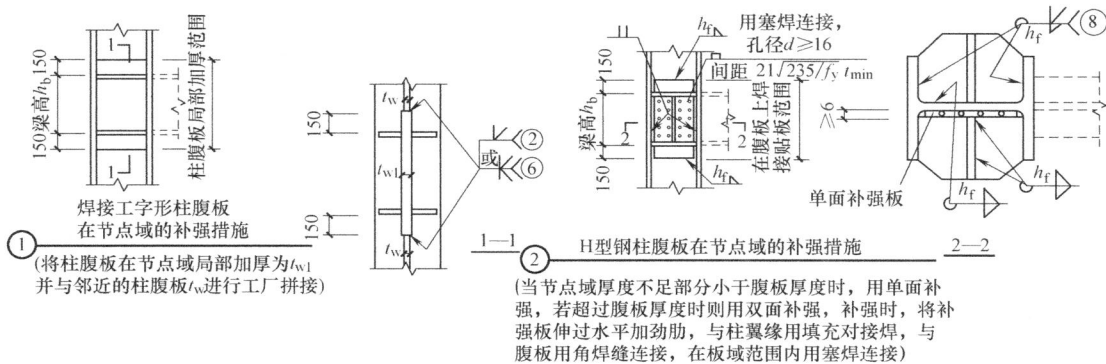

图 6.24 工字形柱腹板在节点域厚度不足时的补强措施

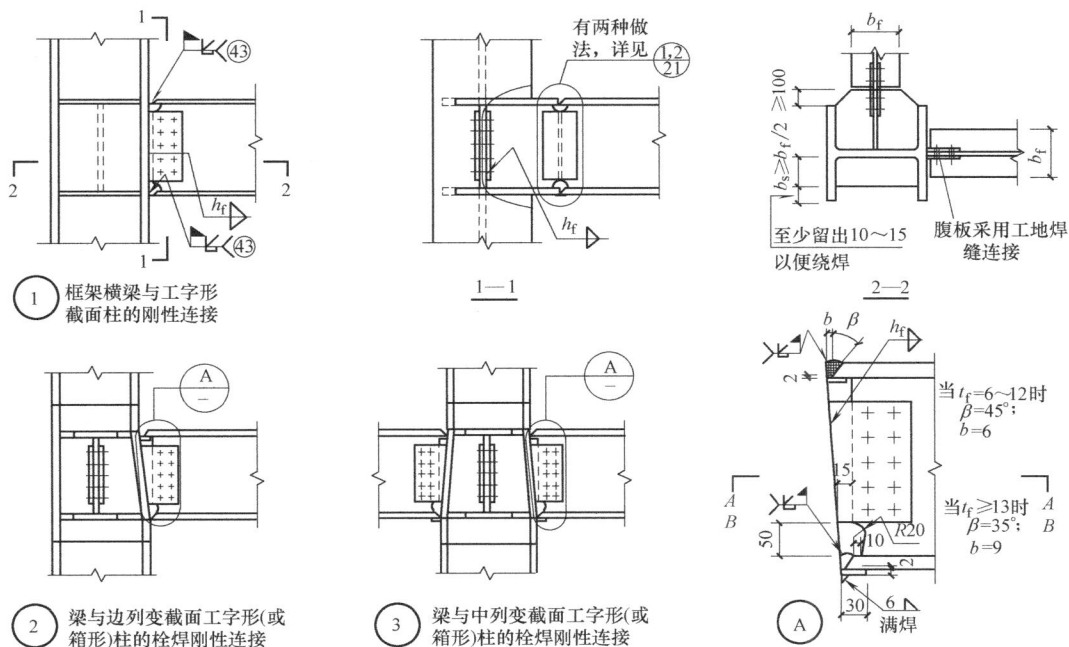

图 6.25 梁与框架柱的刚性连接构造

113

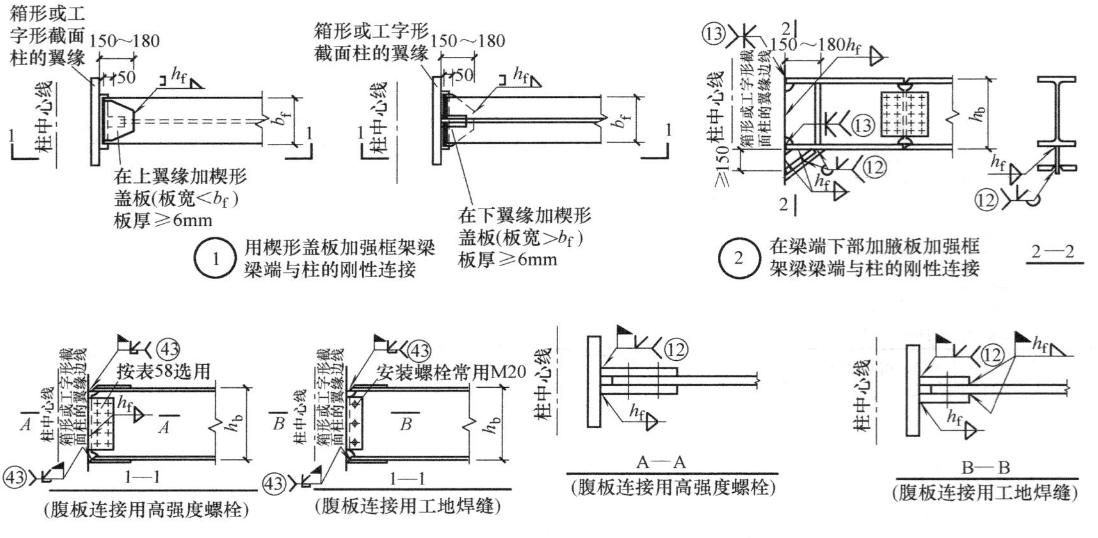

图 6.26　为减轻震害在梁柱刚性连接中的改进措施

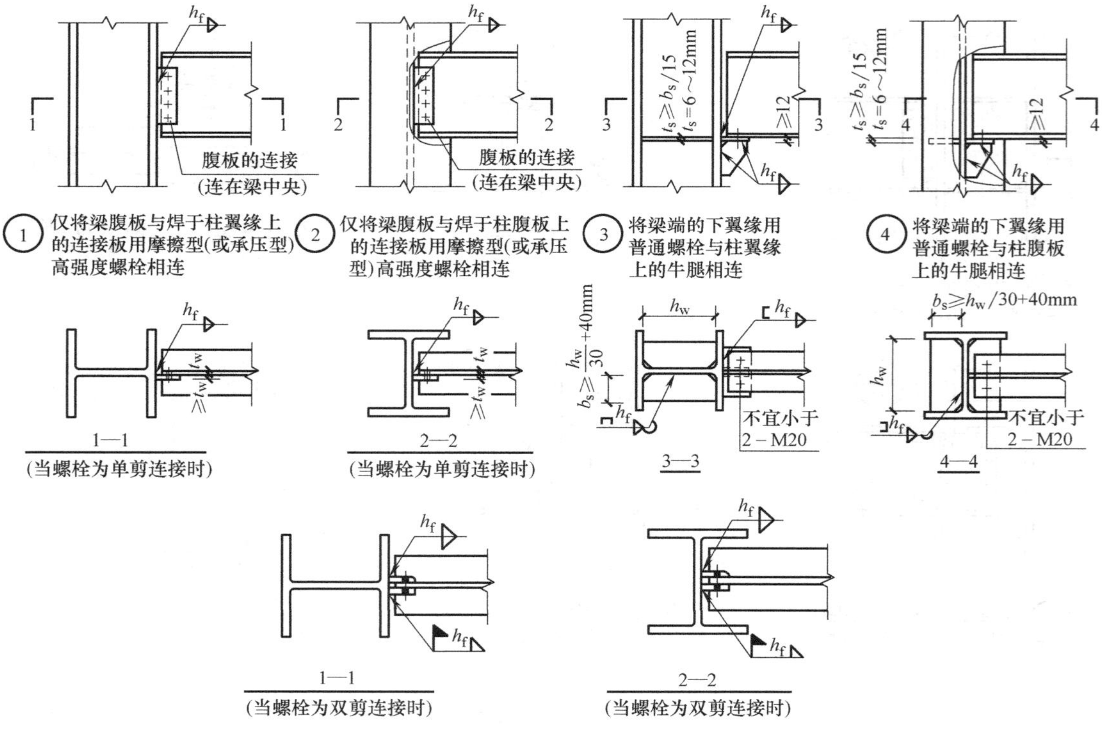

图 6.27　梁与柱的铰接连接构造

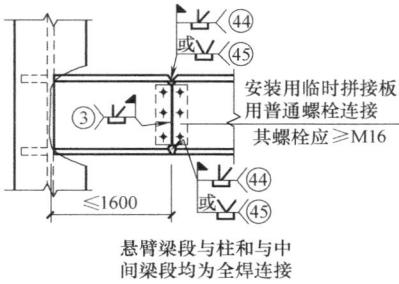

图 6.28　悬臂梁段与柱的中间梁段的
工地拼接构造

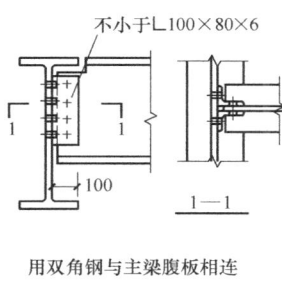

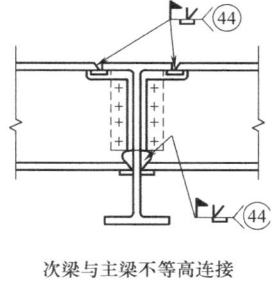

图 6.29　次梁与主梁的连接构造

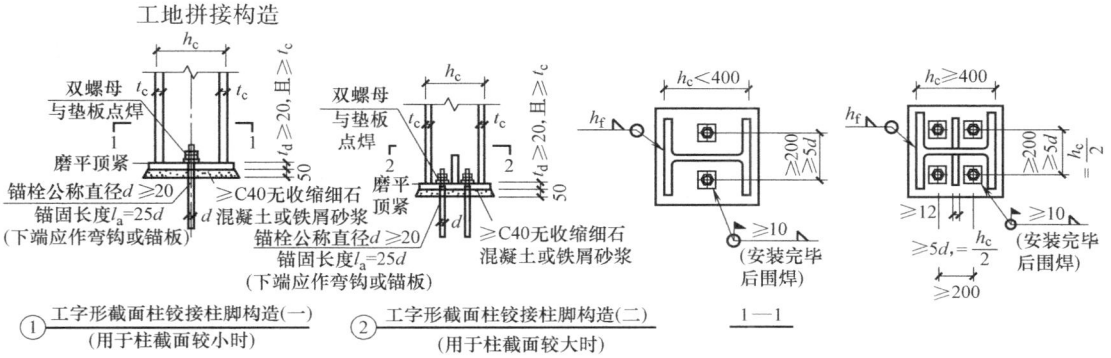

用双角钢与主梁腹板相连　　　　次梁与主梁不等高连接

① 工字形截面柱铰接柱脚构造(一)　　　② 工字形截面柱铰接柱脚构造(二)
（用于柱截面较小时）　　　　　　　　　（用于柱截面较大时）

图 6.30　外露式工字形截面柱的铰接柱脚构造

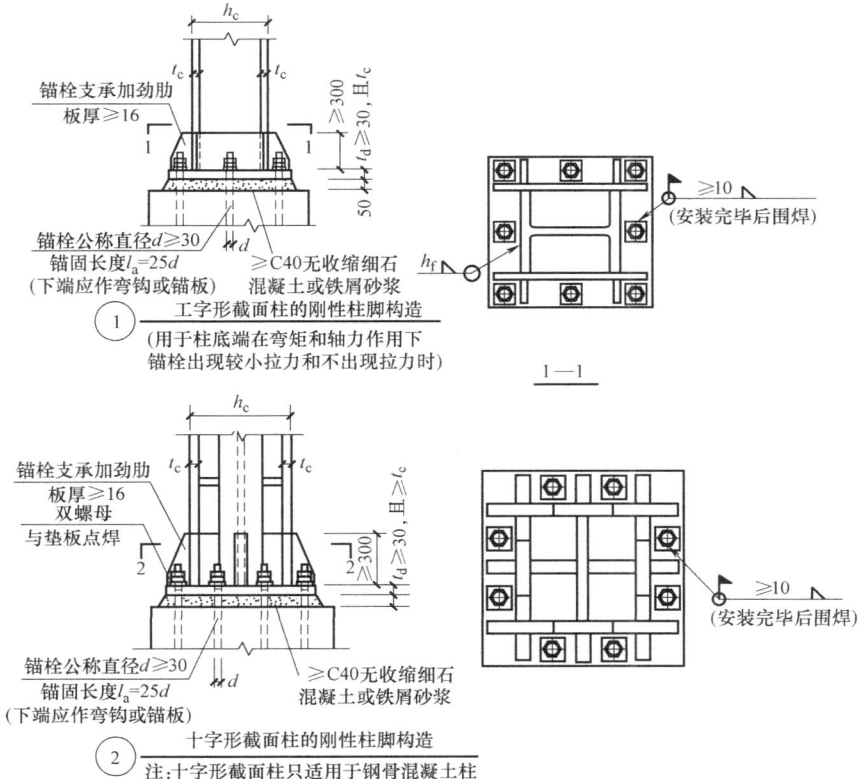

① 工字形截面柱的刚性柱脚构造
（用于柱底端在弯矩和轴力作用下
锚栓出现较小拉力和不出现拉力时）

② 十字形截面柱的刚性柱脚构造
注：十字形截面柱只适用于钢骨混凝土柱

图 6.31　外露式工字形截面柱及十字形截面柱的刚性柱脚构造

115

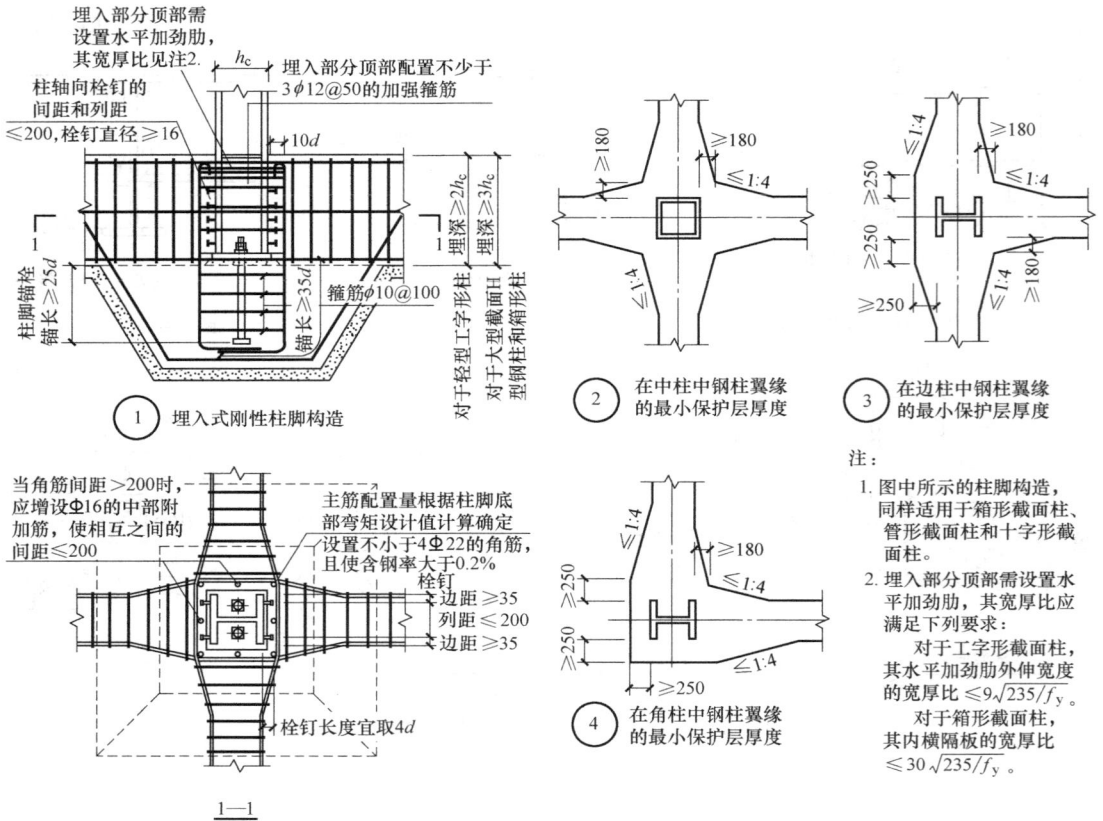

图 6.32　埋入式刚性柱脚构造

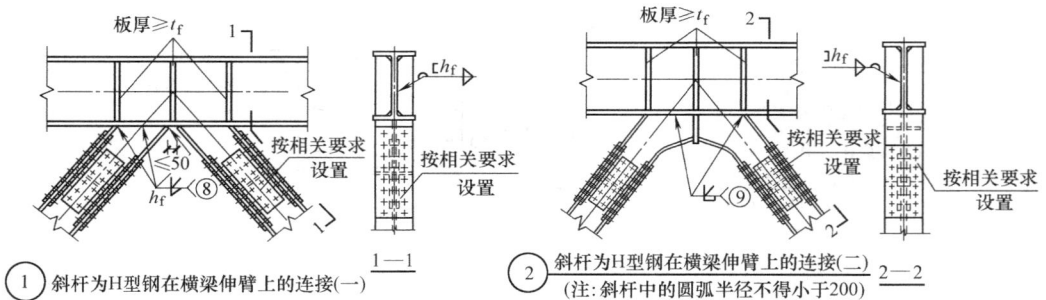

图 6.33　人字形支撑与框架横梁的连接节点

6.6　单层钢结构厂房结构抗震构造及详图

1. 单层钢结构厂房结构抗震构造措施

单层的轻型钢结构厂房的抗震设计，应符合专门的规定。厂房的横向抗侧力体系，可采用刚接框架、铰接框架、门式刚架或其他结构体系。厂房的纵向抗侧力体系，8、9度应采用柱间支撑；6、7度宜采用柱间支撑，也可采用刚接框架。厂房内设有桥式起重机时，起重机梁系统的构件与厂房框架柱的连接应能可靠地传递纵向水平地震作用。屋盖应设置完整的屋盖支撑系统。屋盖横梁与柱顶铰接时，宜采用螺栓连接。

厂房的平面布置、钢筋混凝土屋面板和天窗架的设置要求等，可参照《抗震规范》单层钢筋混凝土柱厂房的有关规定。当设置防震缝时，其缝宽不宜小于单层混凝土柱厂房防震缝宽度的 1.5 倍。

厂房的屋盖支撑中，无檩屋盖的支撑布置，宜符合表 6.6 的要求。有檩屋盖的支撑布置，宜符合表 6.7 的要求。当轻型屋盖采用实腹屋面梁、柱刚性连接的刚架体系时，屋盖水平支撑可布置在屋面梁的上翼缘平面。屋面梁下翼缘应设置隅撑侧向支承，隅撑的另一端可与屋面檩条连接。屋盖横向支撑、纵向天窗架支撑的布置可参照表 6.6 与表 6.7 的要求。

屋盖纵向水平支撑的布置，当采用托架支承屋盖横梁的屋盖结构时，应沿厂房单元全长设置纵向水平支撑；对于高低跨厂房，在低跨屋盖横梁端部支承处，应沿屋盖全长设置纵向水平支撑；纵向柱列局部柱间采用托架支承屋盖横梁时，应沿托架的柱间及向其两侧至少各延伸一个柱间设置屋盖纵向水平支撑；当设置沿结构单元全长的纵向水平支撑时，应与横向水平支撑形成封闭的水平支撑体系。多跨厂房屋盖纵向水平支撑的间距不宜超过两跨，不得超过三跨；高跨和低跨宜按各自的标高组成相对独立的封闭支撑体系。支撑杆宜采用型钢；设置交叉支撑时，支撑杆的长细比限值可取 350。

无檩屋盖的支撑系统布置　　　　　　　　　　　　　　　　　表 6.6

支撑名称			烈　　度		
			6、7 度	8 度	9 度
屋架支撑	上、下弦横向支撑		屋架跨度小于 18m 时同非抗震设计；屋架跨度不小于 18m 时，在厂房单元端开间各设一道	厂房单元端开间及上柱支撑开间各设一道；天窗开洞范围的两端各增设局部上弦支撑一道；当屋架端支承在屋架上弦时，其下弦横向支撑同非抗震设计	
	上弦通长水平系杆		同非抗震设计	在屋脊处、天窗架竖向支撑处、横向支撑节点处和屋架两端处设置	
	下弦通长水平系杆			屋架竖向支撑节点处设置；当屋架与柱刚接时，在屋架端节处按控制下弦平面外长细比不大于 150 设置	
	竖向支撑	屋架跨度小于 30m		厂房单元两端开间及上柱支撑各开间屋架端部各设一道	同 8 度，且每隔 42m 在屋架端部设置
		屋架跨度大于等于 30m		厂房单元的端开间，屋架 1/3 跨度处和上柱支撑开间内的屋架端部设置，并与上、下弦横向支撑相对应	同 8 度，且每隔 36m 在屋架端部设置
纵向天窗架支撑	上弦横向支撑		天窗架单元两端开间各设一道	天窗架单元端开间及柱间支撑开间各设一道	
	竖向支撑	跨中	跨度不小于 12m 时设置，其道数与两侧相同	跨度不小于 9m 时设置，其道数与两侧相同	
		两侧	天窗架单元端开间及每隔 36m 设置	天窗架单元端开间及每隔 30m 设置	天窗架单元端开间及每隔 24m 设置

有檩屋盖的支撑系统布置 表 6.7

支撑名称		烈　度		
		6、7 度	8 度	9 度
屋架支撑	上弦横向支撑	厂房单元端开间及每隔 60m 各设一道	厂房单元端开间及上柱柱间支撑开间各设一道	同 8 度，且天窗开洞范围的两端各增设局部上弦横向支撑一道
	下弦横向支撑	同非抗震设计；当屋架端部支承在屋架下弦时，同上弦横向支撑		
	跨中竖向支撑	同非抗震设计		屋架跨度大于等于 30m 时，跨中增设一道
	两侧竖向支撑	屋架端部高度大于 900mm 时，厂房单元端开间及柱间支撑开间各设一道		
	下弦通长水平系杆	同非抗震设计	屋架两端和屋架竖向支撑处设置；与柱刚接时，屋架端节点处按控制下弦平面外长细比不大于 150 设置	
纵向天窗架支撑	上弦横向支撑	天窗架单元两端开间各设一道	天窗架单元两端开间及每隔 54m 各设一道	天窗架单元两端开间及每隔 48m 各设一道
	两侧竖向支撑	天窗架单元端开间及每隔 42m 各设一道	天窗架单元端开间及每隔 36m 各设一道	天窗架单元端开间及每隔 24m 各设一道

厂房框架柱的长细比，轴压比小于 0.2 时不宜大于 150；轴压比不小于 0.2 时，不宜大于 $120\sqrt{235/f_{ay}}$。

厂房框架柱、梁的板件宽厚比，重屋盖厂房，板件宽厚比限值应满足要求；轻屋盖厂房，塑性耗能区板件宽厚比限值可根据其承载力的高低按性能目标确定。塑性耗能区外的板件宽厚比限值，可采用现行《钢结构设计规范》GB 50017 弹性设计阶段的板件宽厚比限值。腹板的宽厚比，可通过设置纵向加劲肋减小。

厂房单元的各纵向柱列，应在厂房单元中部布置一道下柱柱间支撑；当 7 度厂房单元长度大于 120m（采用轻型围护材料时为 150m）、8 度和 9 度厂房单元长度大于 90m（采用轻型围护材料时为 120m）时，应在厂房单元 1/3 区段内各布置一道下柱支撑；当柱距数不超过 5 个且厂房长度小于 60m 时，亦可在厂房单元的两端布置下柱支撑。上柱柱间支撑应布置在厂房单元两端和具有下柱支撑的柱间。柱间支撑宜采用 X 形支撑，条件限制时也可采用 V 形、A 形及其他形式的支撑。X 形支撑斜杆与水平面的夹角、支撑斜杆交叉点的节点板厚度，应符合现行国家标准《钢结构设计规范》GB 50017 的规定。柱间支撑杆件的长细比限值，应符合现行国家标准《钢结构设计规范》GB 50017 的规定。柱间支撑宜采用整根型钢，当热轧型钢超过材料最大长度规格时，可采用拼接等强接长。有条件时，可采用消能支撑。

柱脚应能可靠传递柱身承载力，宜采用埋入式、插入式或外包式柱脚，6、7 度时也可采用外露式柱脚。柱脚设计应符合下列要求：实腹式钢柱采用埋入式、插入式柱脚的埋入深度，应由计算确定，且不得小于钢柱截面高度的 2.5 倍。格构式柱采用插入式柱脚的埋入深度，应由计算确定，其最小插入深度不得小于单肢截面高度（或外径）的 2.5 倍，且不得小于柱总宽度的 0.5 倍。采用外包式柱脚时，实腹 H 形截面柱的钢筋混凝土外包高度不宜小于 2.5 倍的钢结构截面高度，箱形截面柱或圆管截面柱的钢筋混凝土外包高度不宜小于 3.0 倍的钢结构截面高度或圆管截面直径。采用外露式柱脚时，柱脚承载力不宜小于柱截面塑性屈服承载力的 1.2 倍。柱脚锚栓不宜用以承受柱底水平剪力，柱底剪力应由钢底板与基础间的摩擦力或设置抗剪键及其他措施承担。柱脚锚栓应可靠锚固。

2. 单层钢结构厂房结构抗震详图（图 6.34～图 6.38）

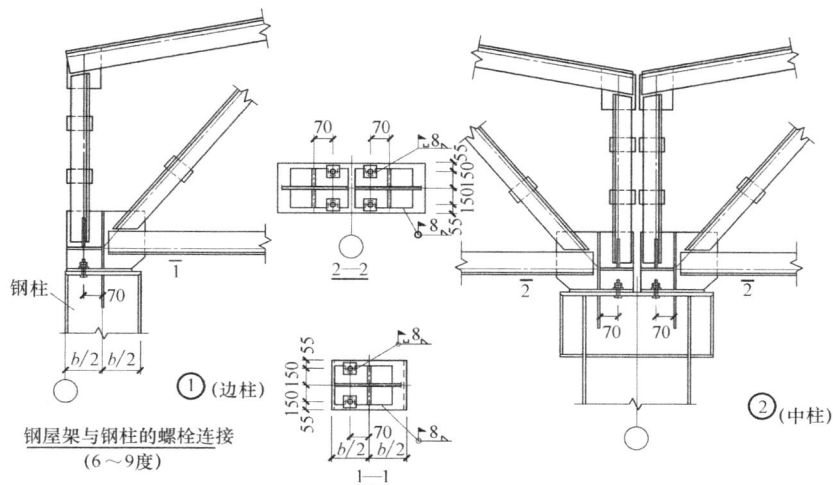

图 6.34 钢屋架与钢柱的螺栓连接

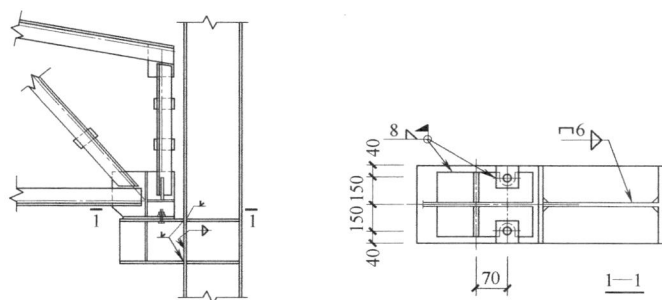

图 6.35 低跨屋架与钢牛腿的螺栓连接

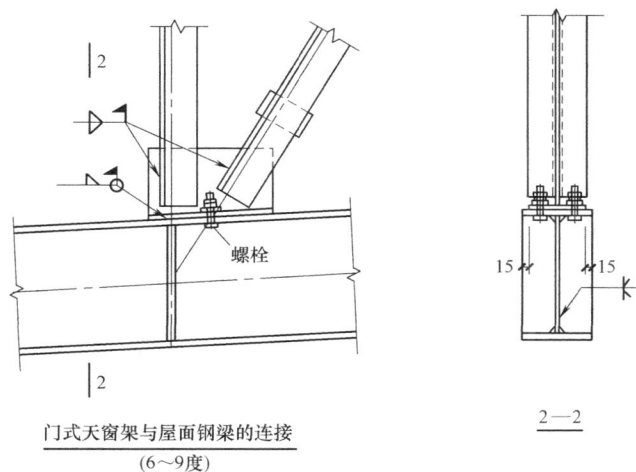

图 6.36 门式天窗与屋架钢梁的连接

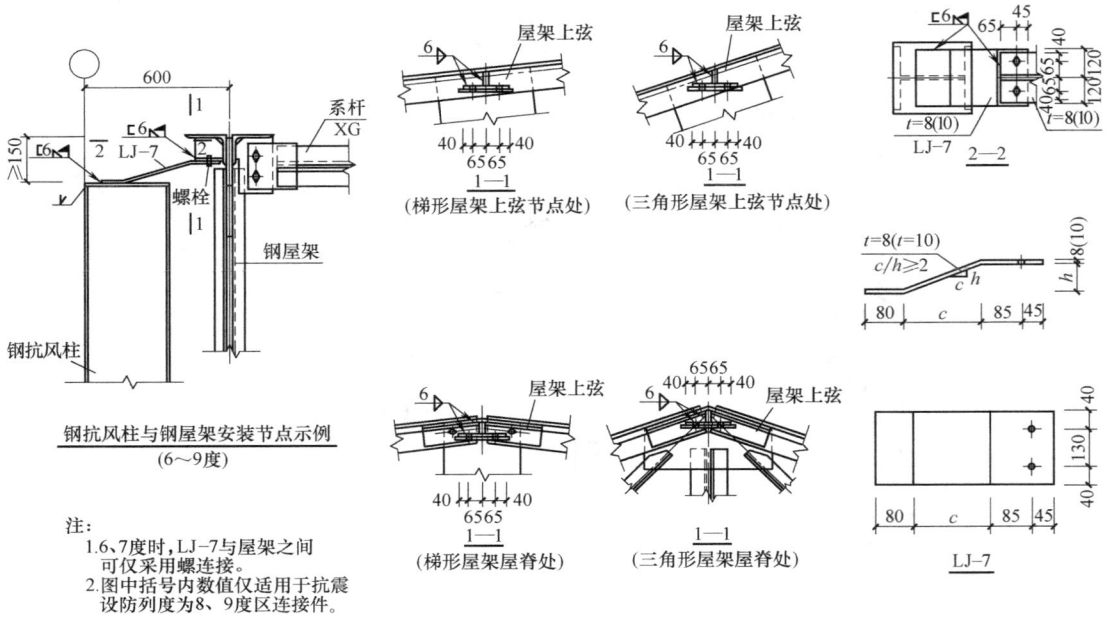

钢抗风柱与钢屋架安装节点示例
(6～9度)

注:
1.6、7度时,LJ-7与屋架之间
可仅采用螺连接。
2.图中括号内数值仅适用于抗震
设防列度为8、9度区连接件。

图 6.37　钢抗风柱与钢屋架的连接

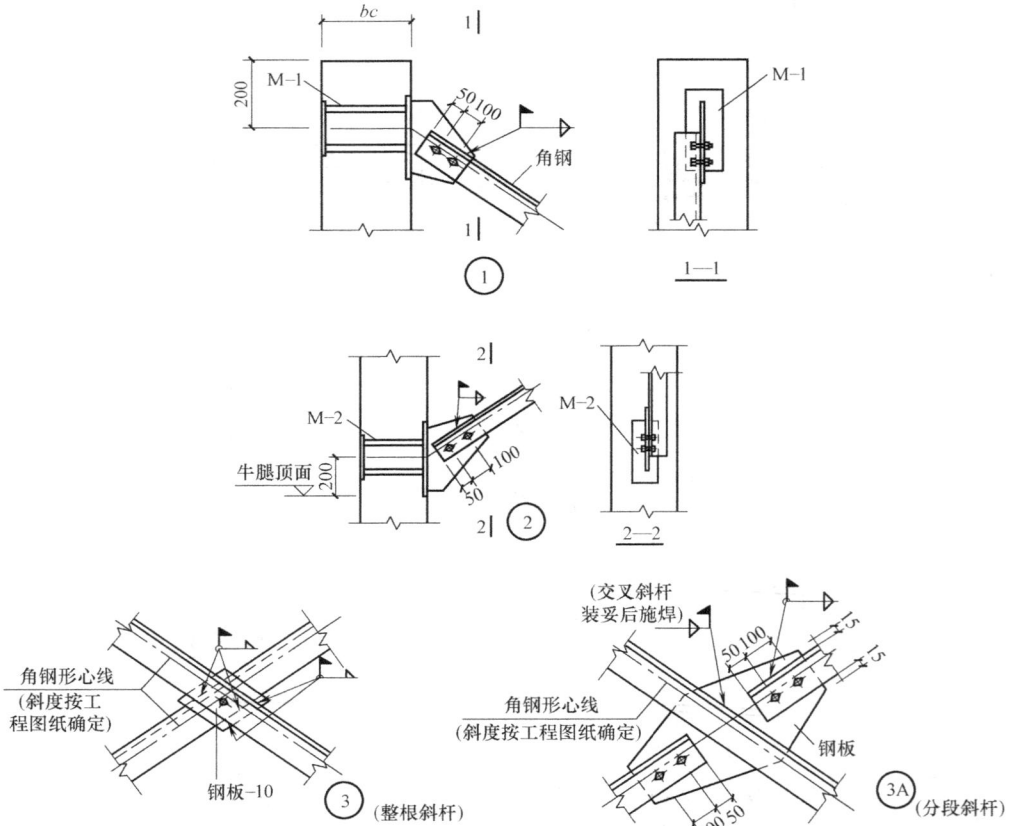

图 6.38　Ⅰ型柱间支撑示意图、Ⅰ型柱上支撑节点

思 考 题

1. 钢结构的主要震害是什么？其发生机理如何？
2. 简述钢结构的抗震设计要点。
3. 简述钢结构抗震构造的一般规定？
4. 简述钢结构抗震措施的具体做法？

第七章　装配式建筑抗震与构造

7.1　装配式建筑概述

装配式建筑（prefabricated buildings）是指结构系统、外围护系统、设备与管线系统、内装系统的主要部分采用预制部品部件集成的建筑。系统性和集成性是装配式建筑的基本特征，装配式建筑是以完整的建筑产品为对象，提供性能优良的完整建筑产品，通过系统集成的方法，实现设计、生产运输、施工安装和使用维护全过程一体化。装配式建筑的建筑设计应进行模数协调，以满足建造装配化与部品部件标准化、通用化的要求。标准化设计是实施装配式建筑的有效手段，而模数和模数协调是实现装配式建筑标准化设计的重要基础，涉及装配式建筑产业链上的各个环节。少规格、多组合是装配式建筑设计的重要原则，减少部品部件的规格种类及提高部品部件模板的重复使用率，有利于部品部件的生产制造与施工，有利于提高生产速度和工人的劳动效率，从而降低造价。建筑信息模型技术是装配式建筑建造过程的重要手段。通过信息数据平台管理系统将设计、生产、施工、物流和运营等各环节联系为一体化管理，对提高工程建设各阶段及各专业之间协同配合的效率，以及一体化管理水平具有重要作用。部品部件生产策划根据供应商的技术水平、生产能力和质量管理水平，确定供应商范围；部品部件运输策划应根据供应商生产基地与项目用地之间的距离、道路状况、交通管理及场地放置等条件，选择稳定、可靠的运输方案。施工安装策划应根据建筑概念方案，确定施工组织方案、关键施工技术方案、机具设备的选择方案、质量保障方案等。

经济成本策划要确定项目的成本目标，并对装配式建筑实施重要环节的成本优化提出具体指标和控制要求。

装配式建筑强调性能要求，提高建筑质量和品质。装配式钢结构建筑的结构系统本身就是绿色建造技术，是国家重点推广的内容，符合可持续发展战略。因此，外围护系统、设备与管线系统以及内装系统也应遵循绿色建筑全寿命期的理念，结合地域特点和地方优势，优先采用节能环保的技术、工艺、材料和设备，实现节约资源、保护环境和减少污染的目标，为人们提供健康舒适的居住环境。

在欧美发达国家与地区，装配式 PC 多层框架结构早已成为房屋建筑的主要结构体系，广泛应用于各类工业与民用建筑。日本于 20 世纪 90 年代初开始应用装配式 PC 结构。已建成的 40 余栋建筑主要采用了 PC 墙板等大板构件，覆盖了学校、停车场、仓库、工厂等各个领域。采用装配式 PC 多层框架结构体系不仅在工期方面有优势，而且在施工、工程管理等方面均有突出优势。此外，日本还将各种形式的 PC 板构件广泛地应用在各种建筑中，特别是应用在高层建筑上作为楼盖时具有较大的优势。如该楼盖结构具有较好的整体性，适用于具有抗震要求的地区，甚至是强震地区。近几十年来，美国对装配式

PC框架结构的应用也有明显增长的趋势。在商业大厦、停车库、公寓、汽车旅馆和学校等各种装配式建筑结构中，主要采用预制PC板与现浇混凝土形成的装配式PC楼盖，采用现浇柱或预制牛腿支承预制叠合梁，利用梁与柱之间的连续节点保证在侧向荷载作用下结构的整体性和稳定性。这些装配式PC多层框架结构在强震下仍没有遭到损坏，显示了良好的抗震性能。Paramount公寓楼是地震设防区内最高的装配式PC框架结构，它位于美国圣弗朗西斯科商业区中，39层、高128m，于2001年7月竣工。装配式PC框架结构的造价比同规模的钢结构建筑减少了400万~600万美元，且工期缩短了3~4个月。目前，美国、日本、新西兰等国均颁布相关的装配式混凝土结构技术规程。美国联邦政府和城市发展部颁布了美国工业化住宅建设和安全标准。其中，发达国家的预制装配式混凝土结构在建筑中所占比重较大，瑞典新建住宅中通用构件占80%，美国约为35%，欧洲约为35%~40%，日本则超过50%。在国内，预制装配式结构始于20世纪50年代，多用于工业厂房、办公楼等建筑。

我国于1957年首次生产装配整体式构件并将其应用于民用建筑中。北京民族饭店和高15层的北京民航局办公大楼是国内首次采用装配式PC框架结构的高层建筑。20世纪70年代，主要由预制PC小梁与现浇板组成的预应力混凝土装配式屋面得到了发展。这种装配式PC多层结构的房屋先后在天津、浙江、广东等地建成，其经济效果好。由于一些小城市的运输安装设备条件较差，故体积小、重量轻为主的PC板楼屋盖的装配式PC多层框架结构得到了较广泛的应用，取得了快速的发展。然而从20世纪80年代中期以后，由于预制装配结构的造型单一、防水技术落后、构件生产企业规模小等问题，该结构形式的应用逐渐减少，进入低潮阶段。进入21世纪后，装配式结构的优点重新得到重视，并且随着建筑节能减排和住宅产业化的发展及要求，预制装配式结构的研究正在逐步升温，并且在一些试点项目中得到应用。图7.1所示为预制装配式结构装配施工现场。

图7.1 预制装配式结构装配施工

7.2 装配式建筑震害

1963年7月斯科普里发生6.2级地震，由于位于强震区的单层工业厂房的吊车梁和屋面板大量地使用了预制PC构件，故这些工业厂房的PC构件几乎没有受损，表现了较好的抗震性能。1964年3月美国阿拉斯加发生8.4级地震，由于墙体强度不足和稳定性差，屋面板与墙体连接薄弱，在强震作用下，跨度为18m的预应力单T或双T型装配整体式屋面板因墙体倒塌而导致屋面板坍塌。

1985年墨西哥连续两次发生了8.1级和7.5级地震。据统计，在破坏较严重的265

栋建筑中仅有 5 栋为装配式 PC 框架结构。还有几栋装配式 PC 多层框架结构破坏较轻，其震害主要表现为吊顶扭曲、墙体开裂、天花板下落等非结构构件的破坏。

1994 年 6.8 级北岭地震（Northridgeearth-quake）的震害调查表明：预制停车库结构表现较差，这些结构的竖向抗侧力体系承载力足够，但由于坡道的设计、墙板较大面积的开口以及停车库结构较长的跨度造成了荷载传递的复杂性，导致结构破坏很严重。1995 年日本 6.9 级 Kobe 地震和 2011 年 9.0 级 Tohoku 地震的震害调查表明：根据日本混凝土结构设计规范设计的预制混凝土剪力墙结构表现良好，预制构件没有出现严重损坏，只有接缝处的后浇混凝土发生了剥落。1994 年 1 月 17 日洛杉矶发生 6.6 级地震，持时 30s，大约有 11000 多间房屋倒塌，其震害主要表现为：少数大空间的预制混凝土框架结构由于各构件间的连接较薄弱，在地震作用下其发生破坏而导致整体结构离散甚至倒塌。2010 年 1 月 13 日智利发生 8.8 级地震，某高层建筑因楼板弯曲破坏耗能，墙肢未见破坏，结构以及装有耗能减震元件的预制混凝土结构在地震中表现良好，破坏较小，而其他预制混凝土结构则破坏较严重。

2009 年 4 月 6 日，意大利拉奎拉市和附近地区发生了剧烈的 6.3 级地震。这次地震影响了成百栋不同的预制结构，大部分建筑是单层工业厂房和 2～3 层的商业建筑。大部分建筑按原来旧的规范设计，缺乏具体的抗震构造措施。观察结果证实了预制框架结构与梁铰接抗震设计的可靠度，另一方面，也显示了现行设计方法在墙板周边约束方面的不足。

图 7.2 所示的是建筑物的柱、梁、屋顶构件基本保持完整，而整个墙板体系全部倒塌。图 7.3 所示的是破坏的原因，在设计中没有考虑连接件的抗掀起力。

图 7.2　墙板倒塌

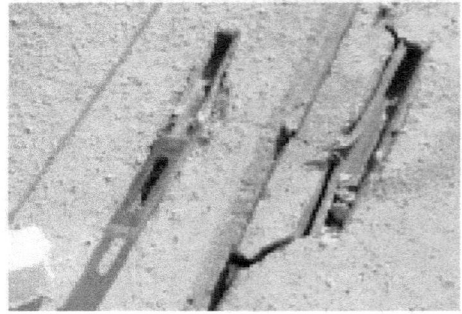

图 7.3　连接件失效

图 7.4　梁脱落

图 7.4 所示的是屋面梁从支撑处坍落，导致梁上的屋面板坍落，图中屋面板已被清除，倒塌的部分屋面梁放置在柱顶上，屋面梁和柱子用贯通的销钉连接，在地震作用下，这种连接没有起到作用，可能是由于没有灌浆料固定销钉引起。

图 7.5 所示的是长跨屋面板的坍落。这是一个车辆加工车间，端部屋面板放在特定形状的支撑上，靠销栓进行固定。在地震作用下，支撑构件的端部销钉周边破裂，如图 7.6 所示。原因是锚固长

度不足导致承载力降低，摩擦力完全不起作用。

图 7.7 所示，柱侧没有墙体，一些柱子在中部发生纵向钢筋屈服破坏，如图 7.8 所示。原因是在地震作用下，相对于弯曲变形箍筋的间距过大，这种破坏在其他建筑中也能见到。

图 7.5 顶棚坍落

图 7.6 支撑构件的边缘裂开

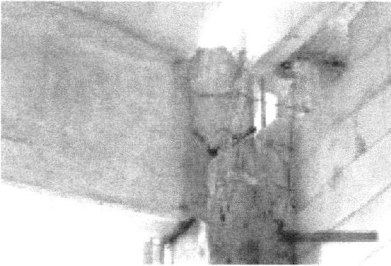

图 7.7 柱顶支撑处失效图

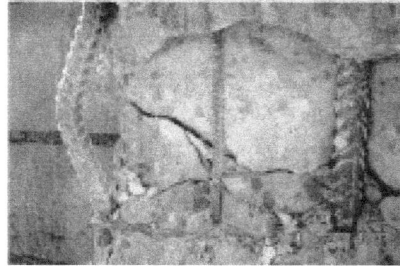

图 7.8 柱中纵筋屈曲

装配式建筑震害情况不严重，其主要原因在于构件质量能保证，因为构件由于在工厂制作其质量得以保障，结构的传力途径简单，能很好地保障施工与设计理论的一致性；总体而言，其装配式建筑震害主要在于节点，节点的构造是装配式建筑可靠性的重要保障。

7.3 装配式钢结构建筑抗震构造

装配式钢结构建筑是指建筑的结构系统由钢部（构）件构成的装配式建筑。装配式钢结构建筑应模数协调，采用模块化、标准化设计，将结构系统、外围护系统、设备与管线系统和内装系统进行集成。装配式钢结构建筑应按照集成设计原则，将建筑、结构、给水排水、暖通空调、电气、智能化和燃气等专业之间进行协同设计。防火、防腐对装配式钢结构建筑来说是非常重要的性能，除必须满足国家现行标准中的相关规定外，在装配式钢结构的设计、生产运输、施工安装以及使用维护过程中均要考虑可靠性、安全性和耐久性的要求。

装配式钢结构建筑应采用大开间、大进深、空间灵活可变的结构布置方式。结构柱网布置、抗侧力构件布置、次梁布置应与功能空间布局及门窗洞口协调。平面几何形状宜规则、平整，并宜以连续柱跨为基础布置，柱距尺寸应按模数统一。设备管井宜与楼电梯结合，集中设置。外墙、阳台板、空调板、外窗、遮阳设施及装饰等部品部件宜进行标准化设计；宜通过建筑体量、材质肌理、色彩等变化，形成丰富多样的立面效果。装配式钢结构建筑应根据建筑功能、主体结构、设备管线及装修等要求，确定合理的层高及净高尺寸。

装配式钢结构建筑的结构设计应符合现行国家标准《工程结构可靠性设计统一标准》GB 50153 的规定，结构的设计使用年限不应少于 50 年，其安全等级不应低于二级。应具有明确的计算简图和合理的传力路径。应具有适宜的承载能力、刚度及耗能能力。应避免因部分结构或构件的破坏而导致整个结构丧失承受重力荷载、风荷载和地震作用的能力。对薄弱部位应采取有效的加强措施。

钢框架结构设计应符合国家现行有关标准的规定，高层装配式钢结构建筑尚应符合现行行业标准《高层民用建筑钢结构技术规程》JGJ 99 的规定。

梁柱连接可采用带悬臂梁段、翼缘焊接腹板栓接或全焊接连接形式（图 7.9、图 7.10）；抗震等级为一、二级时，梁与柱的连接宜采用加强型连接（图 7.11、图 7.12）；当有可靠依据时，也可采用端板螺栓连接的形式（图 7.13）。钢柱的拼接可采用焊接或螺栓连接的形式（图 7.14、图 7.15）。在可能出现塑性铰处，梁的上下翼缘均应设侧向支撑（图 7.16），当钢梁上铺设装配整体式楼板且进行可靠连接时，上翼缘可不设侧向支撑。框架柱截面可采用异形组合截面，其设计要求应符合国家现行标准的规定。

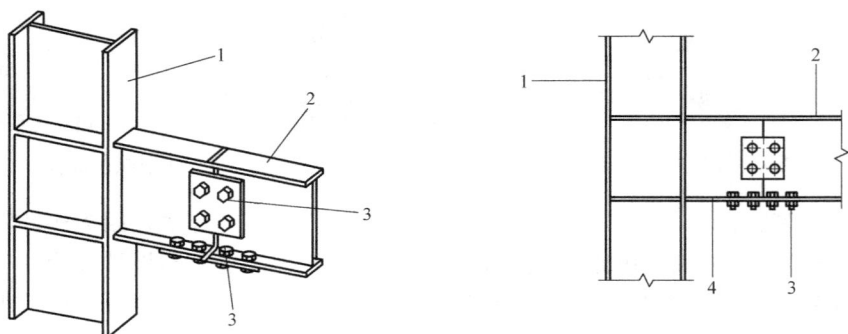

图 7.9 带悬臂梁段的螺栓连接（一）
1—柱；2—梁；3—高强螺栓；4—悬臂段

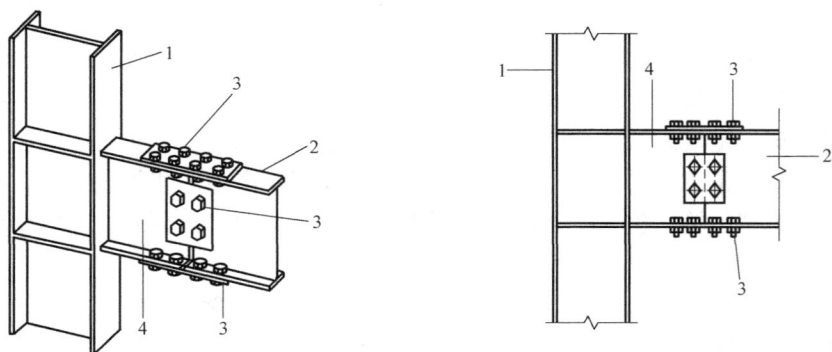

图 7.10 带悬臂梁段的螺栓连接（二）
1—柱；2—梁；3—高强螺栓；4—悬臂段

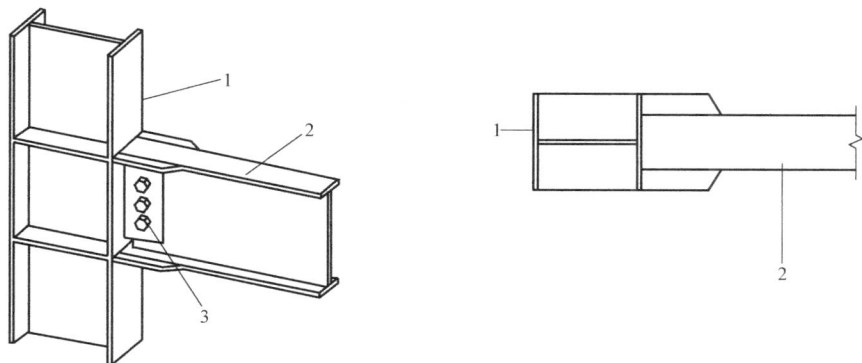

图 7.11 梁局部加宽式连接

1—柱；2—梁；3—高强螺栓

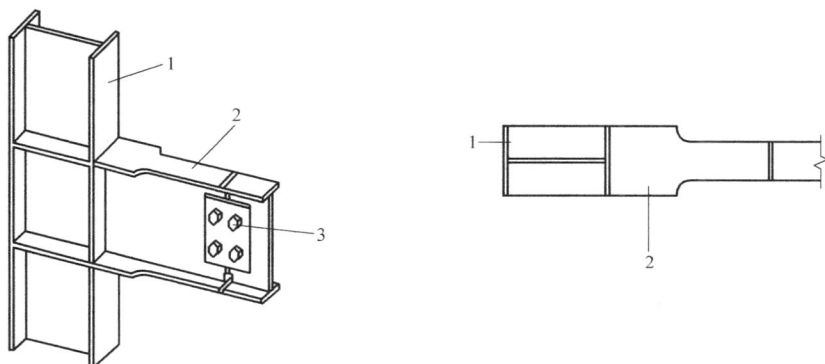

图 7.12 梁翼缘扩翼式连接

1—柱；2—梁；3—高强螺栓

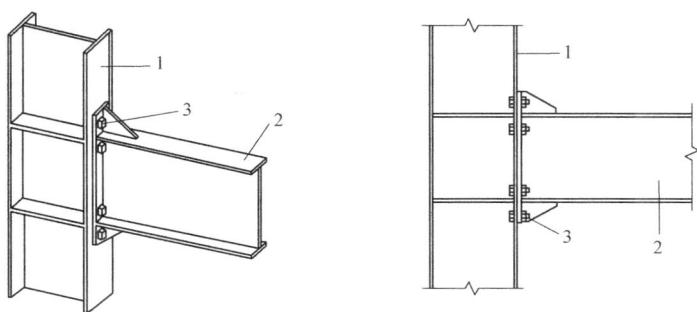

图 7.13 外伸式端板螺栓梁连接

1—柱；2—梁；3—高强螺栓

高层民用建筑钢结构的中心支撑宜采用十字交叉斜杆、单斜杆、人字形斜杆或 V 形斜杆体系；不得采用 K 形斜杆体系；中心支撑斜杆的轴线应交会于框架梁柱的轴线上。

装配式钢结构建筑的楼梯宜采用装配式混凝土楼梯或钢楼梯；楼梯与主体结构宜采用不传递水平作用的连接形式。当抗震设防烈度为 8 度及以上时，装配式钢结构建筑可采用隔震或消能减震结构。

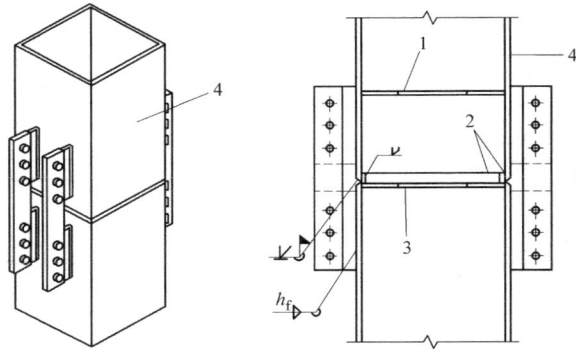

图 7.14　箱形柱的焊接拼接连接（左：轴测图；右：侧视图）
1—上柱隔板；2—焊接衬板；3—下柱顶端隔板；4—柱

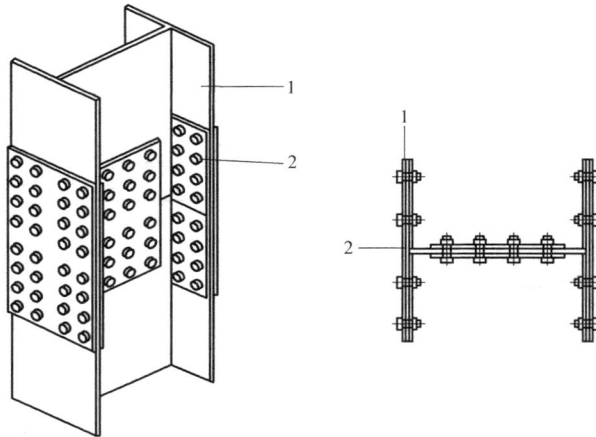

图 7.15　H 形柱的螺栓拼接连接（左：轴测图；右：俯视图）
1—柱；2—高强度螺栓

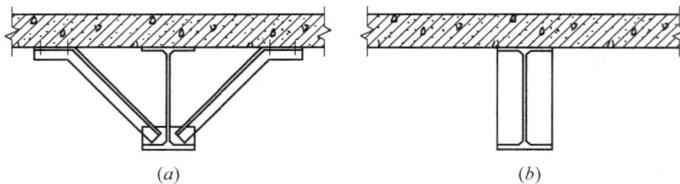

图 7.16　梁下翼缘侧向支撑
（a）侧向支撑为隔撑；（b）侧向支撑为加劲肋

　　钢结构应根据结构特点选择合理顺序进行安装，并应形成稳固的空间单元，必要时应增加临时支撑或临时措施。高层钢结构安装时应计入竖向压缩变形对结构的影响，并应根据结构特点和影响程度采取预调安装标高、设置后连接构件等措施。钢结构施工期间，应对结构变形、环境变化等进行过程监测，监测方法、内容及部位应根据设计或结构特点确定。

　　构件在运输、存放和安装过程中损坏的涂层以及安装连接部位的涂层应进行现场补漆，并应符合原涂装工艺要求。构件表面的涂装系统应相互兼容。钢结构安装前应设置施工控制网；施工测量前，应根据设计图和安装方案，编制测量专项方案。施工阶段的测量应包括平面控制、高程控制和细部测量。

装配式钢结构建筑的部品与钢构件的连接和接缝宜采用柔性设计，其缝隙变形能力应与结构弹性阶段的层间位移角相适应。

7.4 装配式混凝土建筑抗震构造

装配式混凝土建筑（assembled building with concrete structure）是指建筑的结构系统由混凝土部件（预制构件）构成的装配式建筑。常用的装配式混凝土结构主要有三种：装配整体式框架结构、装配整体式剪力墙结构、多层装配式墙板结构。建筑应采用系统集成的方法统筹设计、生产运输、施工安装，实现全过程的协同。装配式混凝土建筑应实现全装修，内装系统应与结构系统、外围护系统、设备与管线系统一体化设计建造；宜采用建筑信息模型（BIM）技术，实现全专业、全过程的信息化管理；应采用楼电梯、公共卫生间、公共管井、基本单元等模块进行组合设计；应采用楼电梯、公共管井、集成式厨房、集成式卫生间等模块进行组合设计；所有部品部件应采用标准化接口。

装配式混凝土建筑应采用大开间大进深、空间灵活可变的布置方式；平面布置应规则，承重构件布置应上下对齐贯通，外墙洞口宜规整有序；设备与管线宜集中设置，并应进行管线综合设计。外墙、阳台板、空调板、外窗、遮阳设施及装饰等部品部件宜进行标准化设计；装饰面层宜采用清水混凝土、装饰混凝土、免抹灰涂料和反打面砖等耐久性强的建筑材料。

装配整体式框架结构、装配整体式剪力墙结构、装配整体式框架—现浇剪力墙结构、装配整体式框架—现浇核心筒结构、装配整体式部分框支剪力墙结构的房屋最大适用高度应满足表 7.1 的要求。当结构中竖向构件全部为现浇且楼盖采用叠合梁板时，房屋的最大适用高度可按现行行业标准《高层建筑混凝土结构技术规程》JGJ 3 中的规定采用。装配整体式剪力墙结构和装配整体式部分框支剪力墙结构，在规定的水平力作用下，当预制剪力墙构件底部承担的总剪力大于该层总剪力的 50% 时，其最大适用高度应适当降低；当预制剪力墙构件底部承担的总剪力大于该层总剪力的 80% 时，最大适用高度应取表 7.1 中括号内的数值。装配整体式剪力墙结构和装配整体式部分框支剪力墙结构，当剪力墙边缘构件竖向钢筋采用浆锚搭接连接时，房屋最大适用高度应比表中数值降低 10m。

装配整体式混凝土结构房屋的最大适用高度（m）　　　　　　　表 7.1

结构类型	抗震设防烈度			
	6 度	7 度	8 度(0.20g)	8 度(0.30g)
装配整体式框架结构	60	50	40	30
装配整体式框架—现浇剪力墙结构	130	120	100	80
装配整体式框架—现浇核心筒结构	150	130	100	90
装配整体式剪力墙结构	130(120)	110(100)	90(80)	70(60)
装配整体式部分框支剪力墙结构	110(100)	90(80)	70(60)	40(30)

注：1. 房屋高度指室外地面到主要屋面的高度，不包括局部突出屋顶的部分；
　　2. 部分框支剪力墙结构指地面以上有部分框支剪力墙的剪力墙结构，不包括仅个别框支墙的情况。

装配整体式混凝土结构构件的抗震设计，应根据设防类别、烈度、结构类型和房屋高度采用不同的抗震等级，并应符合相应的计算和构造措施要求。丙类装配整体式混凝土结构的抗震等级应按表7.2确定。

丙类建筑装配整体式混凝土结构的抗震等级　　　　　　　　　　　表 7.2

结构类型		抗震设防烈度							
		6度		7度			8度		
装配整体式框架结构	高度(m)	≤24	>24	≤24	>24		≤24	>24	
	框架	四	三	三	二		二	一	
	大跨度框架	三		二			一		
装配整体式框架—现浇剪力墙结构	高度(m)	≤60	>60	≤24	>24且≤60	>60	≤24	>24且≤60	>60
	框架	四	三	四	三	二	三	二	一
	剪力墙	三	三	三	三	二	二	二	一
装配整体式框架—现浇核心筒结构	框架	三		二			一		
	核心筒	二		二			一		
装配整体式剪力墙结构	高度(m)	≤70	>70	≤24	>24且≤70	>70	≤24	>24且≤70	>70
	剪力墙	四	三	四	三	二	三	二	一
装配整体式部分框支剪力墙结构	高度	≤70	>70	≤24	>24且≤70	>70	≤24	>24且≤70	
	现浇框支框架	二	二	二	二	二	二	二	
	底部加强部位剪力墙	三	二	三	二	二	三	二	

装配式混凝土结构应采取措施保证结构的整体性。安全等级为一级的高层装配式混凝土结构尚应进行抗连续倒塌概念设计。

高层建筑装配整体式混凝土结构当设置地下室时，宜采用现浇混凝土；剪力墙结构和部分框支剪力墙结构底部加强部位宜采用现浇混凝土；框架结构的首层柱宜采用现浇混凝土；当底部加强部位的剪力墙、框架结构的首层柱采用预制混凝土时，应采取可靠技术措施。

预制构件拼接部位的混凝土强度等级不应低于预制构件的混凝土强度等级；拼接位置宜设置在受力较小部位；拼接应考虑温度作用和混凝土收缩徐变的不利影响，宜适当增加构造配筋。节点及接缝处的纵向钢筋连接宜根据接头受力、施工工艺等要求选用套筒灌浆连接、机械连接、浆锚搭接连接、焊接连接、绑扎搭接连接等连接方式。直径大于 20mm的钢筋不宜采用浆锚搭接连接，直接承受动力荷载的构件纵向钢筋不应采用浆锚搭接连接。

对于高层装配整体式混凝土结构中，结构转换层和作为上部结构嵌固部位的楼层宜采用现浇楼盖；屋面层和平面受力复杂的楼层宜采用现浇楼盖，当采用叠合楼盖时，楼板的后浇混凝土叠合层厚度不应小于 100mm，且后浇层内应采用双向通长配筋，钢筋直径不宜小于 8mm，间距不宜大于 200mm。

当桁架钢筋混凝土叠合板的后浇混凝土叠合层厚度不小于 100mm 且不小于预制板厚度的 1.5 倍时，支承端预制板内纵向受力钢筋可采用间接搭接方式锚入支承梁或墙的后浇混凝土中，附加钢筋直径不宜小于 8mm，间距不宜大于 250mm，当附加钢筋为构造钢筋时，伸入楼板的长度不应小于与板底钢筋的受压搭接长度，伸入支座的长度不应小于 15d（d 为附加钢筋直径）且宜伸过支座中心线；当附加钢筋承受拉力时，伸入楼板的长度不应小于与板底钢筋的受拉搭接长度，伸入支座的长度不应小于受拉钢筋锚固长度；垂直于附加钢筋的方向应布置横向分布钢筋，在搭接范围内不宜少于 3 根，且钢筋直径不宜小于 6mm，间距不宜大于 250mm。如图 7.17所示。

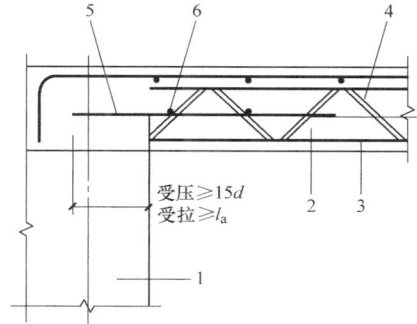

图 7.17 桁架钢筋混凝土叠合板
板端构造示意

1—支承梁或墙；2—预制板；3—板底钢筋；
4—桁架钢筋；5—附加钢筋；6—横向分布钢筋

双向叠合板板侧的整体式接缝宜设置在叠合板的次要受力方向且宜避开最大弯矩截面。接缝可采用后浇带形式，浇带宽度不宜小于 200mm；后浇带两侧板底纵向受力钢筋可在后浇带中焊接、搭接、弯折锚固、机械连接，如图 7.18 所示。

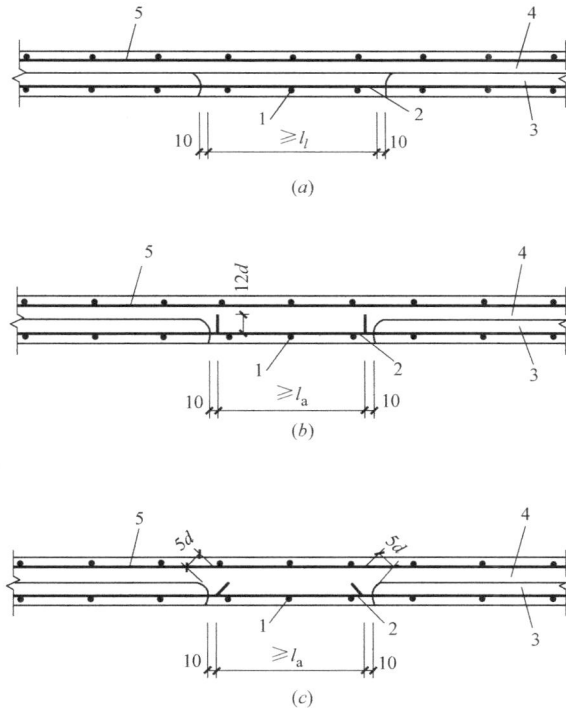

图 7.18 双向叠合板整体式接缝构造示意

（a）板底纵筋直线搭接；（b）板底纵筋末端带 90°弯钩搭接；（c）板底纵筋末端带 135°弯钩搭接

1—通长钢筋；2—纵向受力钢筋；3—预制板；4—后浇混凝土叠合层；5—后浇层内钢筋钢企口接头

次梁与主梁宜采用铰接连接，也可采用刚接连接。当采用铰接连接时，可采用企口连接或钢企口连接形式；采用企口连接时，应符合国家现行标准的有关规定；当次梁不直接

131

承受动力荷载且跨度不大于 9m 时，可采用钢企口连接，如图 7.19 所示。

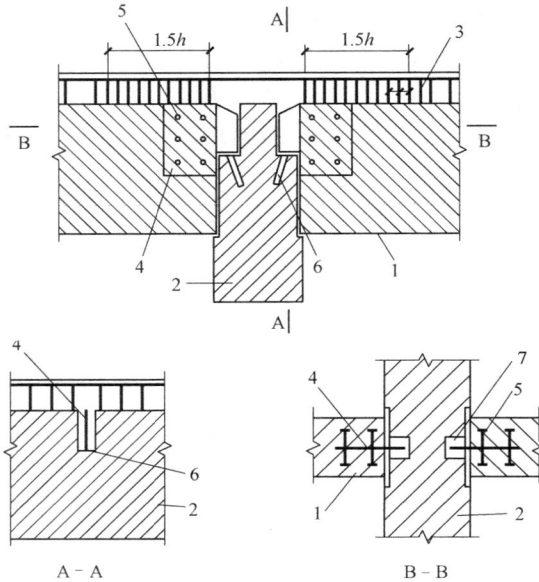

图 7.19　钢企口接头示意

1—预制次梁；2—预制主梁；3—次梁端部加密箍筋；

4—钢板；5—栓钉；6—预埋件；7—灌浆料

装配整体式框架梁柱节点核心区抗震受剪承载力验算和构造是重点，按现行国家标准《混凝土结构设计规范》GB 50010 和《建筑抗震设计规范》GB 50011 中的有关规定；混凝土叠合梁端竖向接缝受剪承载力设计值和预制柱底水平接缝受剪承载力设计值应符合现行行业标准《装配式混凝土结构技术规程》JGJ 1 中的有关规定。

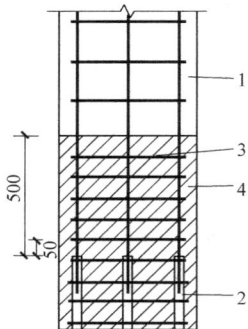

图 7.20　柱底箍筋加密

区域构造示意

1—预制柱；2—连接接头（或钢筋连接区域）；3—加密区箍筋；

4—箍筋加密区（阴影区域）

装配整体式框架预制柱矩形柱截面边长不宜小于 400mm，圆形截面柱直径不宜小于 450mm，且不宜小于同方向梁宽的 1.5 倍；柱纵向受力钢筋在柱底连接时，柱箍筋加密区长度不应小于纵向受力钢筋连接区域长度与 500mm 之和；当采用套筒灌浆连接或浆锚搭接连接等方式时，套筒或搭接段上端第一道箍筋距离套筒或搭接段顶部不应大于 50mm，如图 7.20 所示。柱纵向受力钢筋直径不宜小于 20mm，纵向受力钢筋的间距不宜大于 200mm 且不应大于 400mm。柱的纵向受力钢筋可集中于四角配置且宜对称布置。柱中可设置纵向辅助钢筋且直径不宜小于 12mm 和箍筋直径；当正截面承载力计算不计入纵向辅助钢筋时，纵向辅助钢筋可不伸入框架节点，如图 7.21 所示。

装配整体式框架上、下层相邻预制柱纵向受力钢筋采用挤压套筒连接时，如图 7.22 所示，套筒上端第一道箍筋距离套筒顶部不应大于 20mm，柱底部第一道箍筋距柱底面不应大于 50mm，箍筋间距不宜大于 75mm；抗震等级为一、二级时，箍筋直径不应小于 10mm，抗震等级为三、四级时，箍筋直径不应小于 8mm。

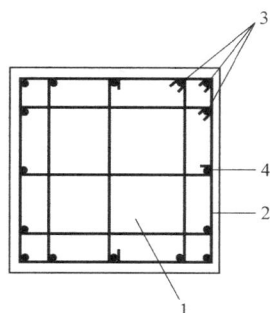

图 7.21 柱集中配筋构造平面示意
1—预制柱；2—箍筋；3—纵向受力钢筋；
4—纵向辅助钢筋

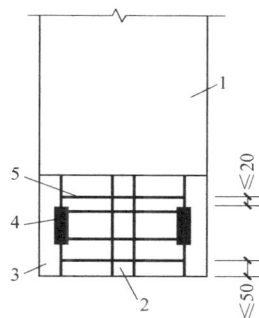

图 7.22 柱底后浇段箍筋配置示意
1—预制柱；2—支腿；3—柱底后浇段；
4—挤压套筒；5—箍筋

装配整体式框架采用预制柱及叠合梁的装配整体式框架节点，梁纵向受力钢筋应伸入后浇节点区内锚固或连接，框架梁预制部分的腰筋不承受扭矩时，可不伸入梁柱节点核心区，如图 7.23 所示。对框架中间层中节点，节点两侧的梁下部纵向受力钢筋宜锚固在后浇节点核心区内，也可采用机械连接或焊接的方式连接；梁的上部纵向受力钢筋应贯穿后浇节点核心区，如图 7.24 所示。

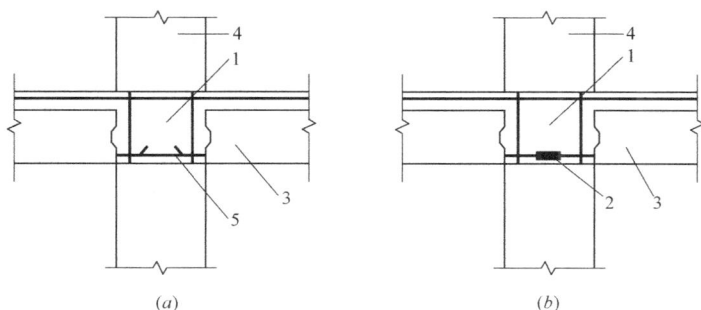

图 7.23 预制柱及叠合梁框架中间层中节点构造示意
(a) 梁下部纵向受力钢筋锚固；(b) 梁下部纵向受力钢筋连接
1—后浇区；2—梁下部纵向受力钢筋连接；3—预制梁；
4—预制柱；5—梁下部纵向受力钢筋锚固

装配整体式剪力墙结构应沿两个方向布置剪力墙；剪力墙平面布置宜简单、规则，自下而上宜连续布置，避免层间侧向刚度突变；剪力墙门窗洞口宜上下对齐、成列布置，形成明确的墙肢和连梁；抗震等级为一、二、三级的剪力墙底部加强部位不应采用错洞墙，结构全高均不应采用叠合错洞墙。预制剪力墙竖向钢筋采用套筒灌浆连接时，自套筒底部至套筒顶部并向上延伸 300mm 范围内，预制剪力墙的水平分布钢筋应加密，如图 7.25 所示，套筒上端第一道水平分布钢筋距离套筒顶部不应大于 50mm。

装配整体式剪力墙结构的预制剪力墙竖向钢筋采用浆锚搭接连接，墙体底部预留灌浆孔道直线段长度应大于下层预制剪力墙连接钢筋伸入孔道内的长度 30mm，孔道上部应根

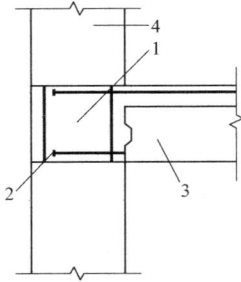

图 7.24 预制柱及叠合梁框架
中间层端节点构造示意

1—后浇区；2—梁纵向钢筋锚固；
3—预制梁；4—预制柱

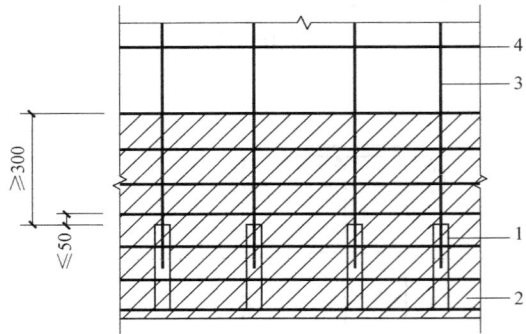

图 7.25 钢筋套筒灌浆连接部位水平分布
钢筋加密构造示意

1—灌浆套筒；2—水平分布钢筋加密区域（阴影区域）；
3—竖向钢筋；4—水平分布钢筋

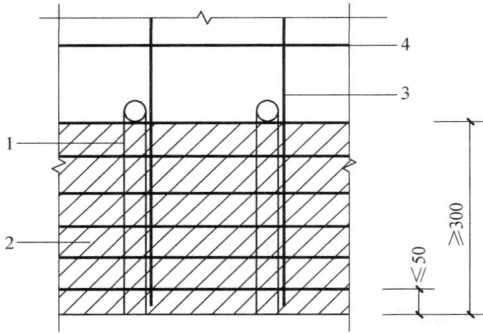

图 7.26 钢筋浆锚搭接连接部位水平
分布钢筋加密构造示意

1—预留灌浆孔道；2—水平分布钢筋加密区域
（阴影区域）；3—竖向钢筋；4—水平分布钢筋

据灌浆要求设置合理弧度。孔道直径不宜小于 40mm 和 2.5d（d 为伸入孔道的连接钢筋直径）的较大值，孔道之间的水平净间距不宜小于 50mm；孔道外壁至剪力墙外表面的净间距不宜小于 30mm。竖向钢筋连接长度范围内的水平分布钢筋应加密，加密范围自剪力墙底部至预留灌浆孔道顶部，如图 7.26 所示，且不应小于 300mm。

装配整体式剪力墙结构的上下层预制剪力墙竖向钢筋采用套筒灌浆连接时，当竖向分布钢筋采用"梅花形"部分连接时连接筋的直径不应小于 12mm，同侧间距不应大于 600mm，且在剪力墙构件承载力设计和分布钢筋配筋率计算中不得计入未连接的分布钢筋；未连接的竖向分布钢筋直径不应小于 6mm，如图 7.27 所示。

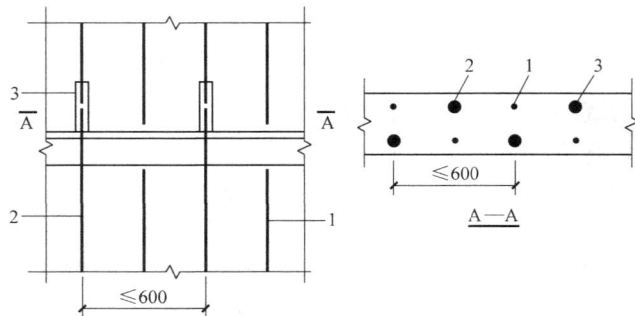

图 7.27 竖向分布钢筋"梅花形"套筒灌浆连接构造示意

1—未连接的竖向分布钢筋；2—连接的竖向分布钢筋；3—灌浆套筒

　　多层装配式墙板结构设计结构抗震等级在设防烈度为 8 度时取三级，设防烈度 6、7 度时取四级；预制墙板厚度不宜小于 140mm，且不宜小于层高的 1/25；预制墙板的轴压比，三级时不应大于 0.15，四级时不应大于 0.2；轴压比计算时，墙体混凝土强度等级超过 C40 的，按 C40 计算。

　　多层装配式墙板结构纵横墙板交接处及楼层内相邻承重墙板之间可采用水平钢筋锚环灌浆连接，如图 7.28 所示。

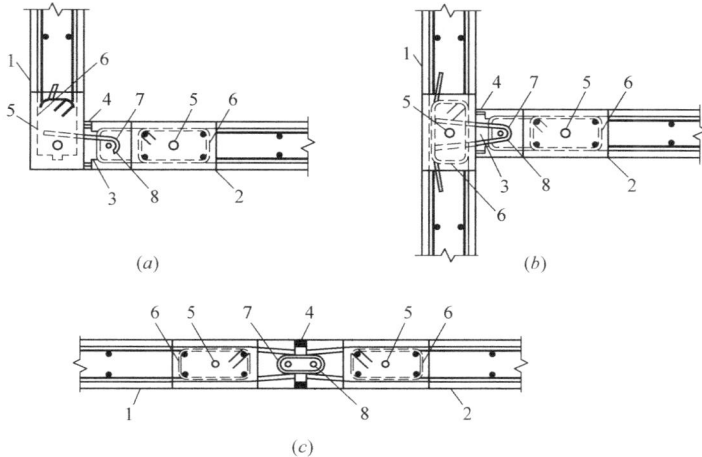

图 7.28　水平钢筋锚环灌浆连接构造示意

(a) L 形节点构造示意；(b) T 形节点构造示意；(c) 一字形节点构造示意

1—纵向预制墙体；2—横向预制墙体；3—后浇段；4—密封条；5—边缘构件纵向受力钢筋；

6—边缘构件箍筋；7—预留水平钢筋锚环；8—节点后插纵筋

　　外挂墙板在多遇地震作用下应能正常使用；在设防烈度地震作用下经修理后应仍可使用；在预估的罕遇地震作用下不应整体脱落。外挂墙板与主体结构的连接节点应具有足够的承载力和适应主体结构变形的能力，连接点数量和位置应根据外挂墙板形状、尺寸确定，连接点不应少于 4 个，承重连接点不应多于 2 个；在外力作用下，外挂墙板相对主体结构在墙板平面内应能水平滑动或转动；连接件的滑动孔尺寸应根据穿孔螺栓直径、变形能力需求和施工允许偏差等因素确定。

　　装配式混凝土建筑的设备和管线设计应与建筑设计同步进行，预留预埋应满足结构专业相关要求，不得在安装完成后的预制构件上剔凿沟槽、打孔开洞等。穿越楼板管线较多且集中的区域可采用现浇楼板。设备与管线宜在架空层或吊顶内设置。

　　装配式混凝土结构工程应按混凝土结构子分部工程进行验收，施工用的原材料、部品、构配件均应按检验批进行进场验收，装配式混凝土结构连接节点及叠合构件浇筑混凝土前，应进行隐蔽工程验收。隐蔽工程验收的主要内容为：混凝土粗糙面的质量；键槽的尺寸、数量、位置；钢筋的牌号、规格、数量、位置、间距；箍筋弯钩的弯折角度及平直段长度；钢筋的连接方式、接头位置、接头数量、接头面积百分率、搭接长度、锚固方式及锚固长度；预埋件、预留管线的规格、数量、位置；预制混凝土构件接缝处的防水、防火等构造做法；保温及其节点施工；其他隐蔽项目。

7.5 装配式木结构建筑抗震构造

装配式木结构（prefabricatedtimberstructure）是采用工厂预制的木结构组件和部品，以现场装配为主要手段建造而成的结构。包括装配式纯木结构、装配式木混合结构等。装配式木结构建筑应采用系统集成的方法统筹设计、制作运输、施工安装和使用维护，实现全过程的协同。

装配式木结构主要应采取加强结构体系整体性的措施；连接应受力明确、构造可靠，并应满足承载力、延性和耐久性的要求；应按预制组件采用的结构形式、连接构造方式和性能，确定结构的整体计算模型，建筑部品之间、建筑部品与主体结构之间以及建筑部品与木结构组件之间的连接应稳固牢靠、构造简单、安装方便，连接处应采取防水、防潮和防火的构造措施，并应符合保温隔热材料的连续性以及气密性的要求。

木组件之间的连接可采用铆钉连接、螺栓连接、销钉连接、齿板连接、金属连接件连接或榫卯连接。当预制次梁与主梁、木梁与木柱之间连接时，宜采用钢插板、钢夹板和螺栓进行连接。预制木结构组件之间应通过连接形成整体，预制单元之间不应相互错动。处于腐蚀环境、潮湿或有冷凝水环境的木桁架不宜采用齿板连接，齿板不得用于传递压力。当金属拉条用于楼盖、屋盖平面内拉结时，金属拉条应与受压构件共同受力。当平面内无贯通的受压构件时，应设置填块。填块的长度应按计算确定。

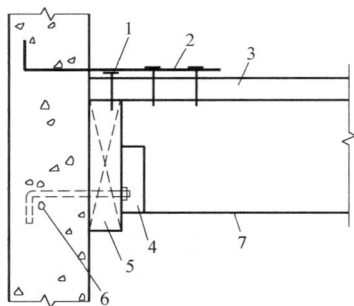

图 7.29 木楼盖作为墙体侧向支撑示意

1—边界钉连接；2—预埋拉条；
3—结构胶合板；4—搁栅挂构件；
5—封头搁栅；6—预埋钢筋；7—搁栅

预制木结构组件与其他结构之间宜采用锚栓或螺栓进行连接，满足被连接组件在长期荷载作用下的变形协调要求。当木屋盖和木楼盖作为混凝土或砌体墙体的侧向支撑时，应采用锚固连接件直接将墙体与木屋盖、楼盖连接（图 7.29）。锚固连接件的承载力应按墙体传递的水平荷载计算，且锚固连接沿墙体方向的抗剪承载力不应小于 3.0kN/m。

木组件与钢结构连接宜采用销轴类紧固件的连接方式。当采用剪板连接时，紧固件应采用螺栓或木螺钉，如图 7.30 所示，剪板采用可锻铸铁制作。

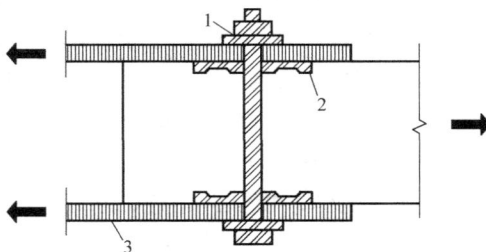

图 7.30 木构件与钢构件剪板连接

1—螺栓；2—剪板；3—钢板

当发现装配式木构件有腐蚀或虫害的迹象时，应按腐蚀的程度、虫害的性质和损坏程度制订处理方案，并应及时进行补强加固或更换。

思 考 题

1. 装配式结构主要有哪几种结构？主要的优缺点是什么？
2. 装配式钢结构的主要震害有哪些？
3. 装配式混凝土结构的主要震害有哪些？
4. 装配式钢结构关键的抗震构造有哪些？
5. 装配式混凝土结构的主要种类有哪些？它们各自的构造有哪些？
6. 装配式木结构的主要震害有哪些？
7. 装配式木结构木组件之间连接和预制木结构组件与其他结构之间构造有何差异？

第八章　非结构构件抗震构造

　　为了达到安全的要求，同时又避免在设计中对所有非结构构件因过分要求其安全性而造成浪费，对非结构构件进行分析的同时参考《建筑工程抗震性态设计通则》可以对非结构件进行分类。虽然非结构构件的分类种类很多，但是归根结底，非结构构件在地震作用下破坏有两种主要的原因：惯性作用和结构变形作用。惯性作用是指非结构构件由于地震加速度产生的力，例如支撑于楼面的设备和屋面的大型储物架等受惯性力作用很大，其破坏主要由惯性作用引起。结构的变形作用主要是使嵌固的非结构构件，尤其是由脆性材料构成的构件不能适应大的变形，导致非结构构件破坏或功能损失，如非承重墙体、墙体保温材料等对结构变形都比较敏感。大多数的非结构构件都有可能受到这两种因素的作用，但其控制破坏的因素往往会是其中之一。

　　在建筑结构中，设置连接幕墙、围护墙、隔墙、女儿墙、雨篷、商标、广告牌、顶篷支架、大型储物架等建筑非结构构件的预埋件、锚固件的部位，应采取加强措施，以承受建筑非结构构件传给主体结构的地震作用。

8.1　非承重墙体

1. 非承重墙体震害

　　非承重墙体的种类又有很多，其中包括填充墙、非结构化的墙体（建筑改造如移位后结构形式转变后的墙体等）。在地震力作用下，主体结构变形或是层间侧移过大，非承重墙体会因为拉接不牢靠及自身材料的脆性，以及隔墙的刚度与主体结构的刚度不协调等发生破坏。填充墙在历次大震中的震害实例非常多，这些大震中填充墙都有不同程度上的破坏，严重的出现墙体倒塌，轻则墙柱分离，墙角损坏，墙体出现 X 形状裂缝，如图 8.1、图 8.2 所示。但是震害表明采用钢或木龙骨的非浆砌隔墙，抗震性能表现良好。

图 8.1　砌块填充墙破坏　　　　　　　　图 8.2　底层空心砖填充墙破坏

2. 非承重墙体抗震措施

非承重墙体宜优先采用轻质墙体材料；采用砌体墙时，应采取措施减少对主体结构的不利影响，并应设置拉结筋、水平系梁、圈梁、构造柱等与主体结构可靠拉结。

刚性非承重墙体的布置，应避免使结构形成刚度和强度分布上的突变；当围护墙非对称均匀布置时，应考虑质量和刚度的差异对主体结构抗震不利的影响。

墙体与主体结构应有可靠的拉结，应能适应主体结构不同方向的层间位移；8 度和 9 度时应具有满足层间变位的变形能力，与悬挑构件相连接时，尚应具有满足节点转动引起的竖向变形的能力。外墙板的连接件应具有足够的延性和适当的转动能力，宜满足在设防地震下主体结构层间变形的要求。

砌体女儿墙在人流出入口和通道处应与主体结构锚固；非出入口无锚固的女儿墙高度，6～8 度时不宜超过 0.5m，9 度时应有锚固。防震缝处女儿墙应留有足够的宽度，缝两侧的自由端应予以加强。

多层砌体结构中，后砌的非承重隔墙应沿墙高每隔 500～600mm 配置 2φ6 拉结钢筋与承重墙或柱拉结，每边伸入墙内不应少于 500mm；8 度和 9 度时，长度大于 5m 的后砌隔墙，墙顶尚应与楼板或梁拉结，独立墙肢端部及大门洞宜选设钢筋混凝土构造柱。烟道、风道、垃圾道等不应削弱墙体；当墙体被削弱时，应对墙体采取加强措施；不宜采用无竖向配筋的附墙烟囱或出屋面的烟囱。不应采用无锚固的钢筋混凝土预制挑檐。

钢筋混凝土结构中的砌体填充墙，在平面和竖向的布置，宜均匀对称，应避免形成薄弱层或短柱。砌体的砂浆强度等级不应低于 M5；实心块体的强度等级不宜低于 MU2.5，空心块体的强度等级不宜低于 MU3.5；墙顶应与框架梁密切结合。填充墙应沿框架柱全高每隔 500～600mm 设 2φ6 拉筋，拉筋伸入墙内的长度，6、7 度时宜沿墙全长贯通，8、9 度时应全长贯通。墙长大于 5m 时，墙顶与梁宜有拉结；墙长超过 8m 或层高 2 倍时，宜设置钢筋混凝土构造柱；墙高超过 4m 时，墙体半高宜设置与柱连接且沿墙全长贯通的钢筋混凝土水平系梁。楼梯间和人流通道的填充墙，尚应采用钢丝网砂浆面层加强。

厂房的围护墙宜采用轻质墙板或钢筋混凝土大型墙板，砌体围护墙应采用外贴式并与柱可靠拉结；外侧柱距为 12m 时应采用轻质墙板或钢筋混凝土大型墙板。刚性围护墙沿纵向宜均匀对称布置，不宜一侧为外贴式，另一侧为嵌砌式或开敞式；不宜一侧采用砌体墙，另一侧采用轻质墙板。不等高厂房的高跨封墙和纵横向厂房交接处的悬墙宜采用轻质墙板，6、7 度采用砌体时不应直接砌在低跨屋面上。

砌体围护墙在下列部位应设置现浇钢筋混凝土圈梁，梯形屋架端部上弦和柱顶的标高处应各设一道，但屋架端部高度不大于 900mm 时可合并设置；应按上密下稀的原则每隔 4m 左右在窗顶增设一道圈梁，不等高厂房的高低跨封墙和纵墙跨交接处的悬墙，圈梁的竖向间距不应大于 3m；山墙沿屋面应设钢筋混凝土卧梁，并应与屋架端部上弦标高处的圈梁连接。

圈梁的构造宜闭合，圈梁截面宽度宜与墙厚相同，截面高度不应小于 180mm；圈梁的纵筋，6～8 度时不应少于 4φ12，9 度时不应少于 4φ14；厂房转角处柱顶圈梁在端开间范围内的纵筋，6～8 度时不宜少于 4φ14，9 度时不宜少于 4φ16，转角两侧各 1m 范围内的箍筋直径不宜小于 8mm，间距不宜大于 100mm；圈梁转角处应增设不少于 3 根且直径与纵筋相同的水平斜筋；圈梁应与柱或屋架牢固连接，山墙卧梁应与屋面板拉结；顶部圈梁与柱或屋架连接的锚拉钢筋不宜少于 4φ12，且锚固长度不宜少于 35 倍钢筋直径，防震缝处圈梁与柱或屋架的拉结宜加强。墙梁宜采用现浇，当采用预制墙梁时，梁底应与砖墙顶面牢固拉结并应与柱锚拉；厂房转角处相邻的墙梁，应相互可靠连接。砌体隔墙与柱宜脱开或柔性连接，并应采取措施使墙体稳定，隔墙顶部应设现浇钢筋混凝土压顶梁。砖墙的基础，8度Ⅲ、Ⅳ类场地和9度时，预制基础梁应采用现浇接头；当另设条形基础时，在柱基础顶面标高处应设置连续的现浇钢筋混凝土圈梁，其配筋不应少于4φ12。砌体女儿墙高度不宜大于1m，且应采取措施防止地震时倾倒。

　　钢结构厂房的围护墙应优先采用轻型板材，预制钢筋混凝土墙板宜与柱柔性连接；9度时宜采用轻型板材。单层厂房的砌体围护墙应贴砌并与柱拉结，尚应采取措施使墙体不妨碍厂房柱列沿纵向的水平位移；8、9度时不应采用嵌砌式。

　　3. 非承重墙体构造详图（图8.3、图8.4）

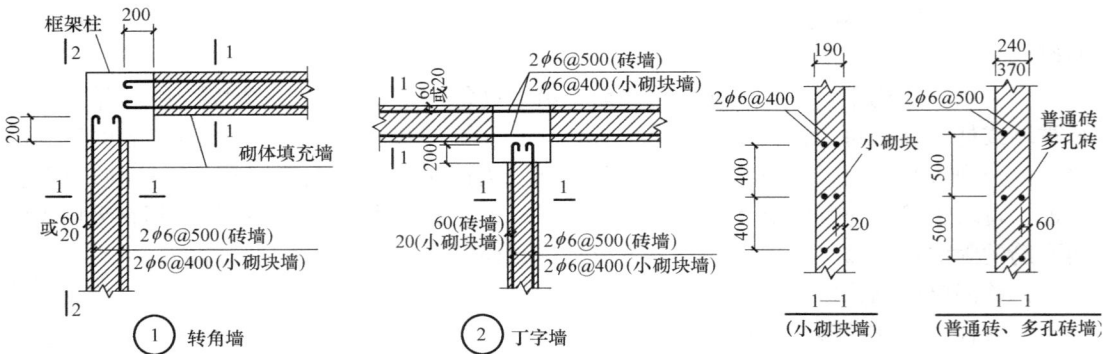

图 8.3　砌体填充墙与框架柱的拉结

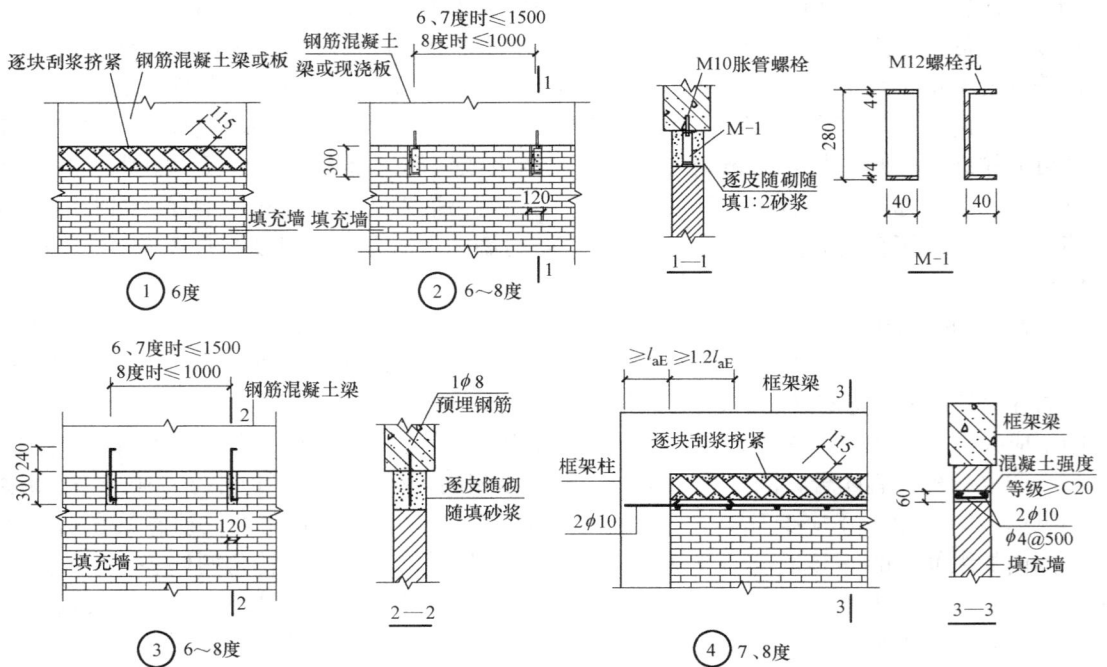

图 8.4　砌体填充墙的顶部拉结

　　墙体大于 5m 时墙体与梁、板宜有拉结；墙长超过 8m 或层高 2 倍时，宜设置钢筋混凝土构造柱；墙高超过 4m 时，墙体半高处宜设置与柱连接且沿墙全长贯通的钢筋混凝土水平系梁。

8.2　其他非结构构件

1. 屋面附属构件和突出结构

　　屋面附属构件包括女儿墙、屋顶灯饰、屋顶构架、广告牌和雕塑等。建筑中常用的砖女儿墙在地震中的破坏一般都比较严重，主要是因为砖女儿墙与下部结构的连接不牢靠，也有部分因为鞭梢效应而受放大的地震作用所致。

2. 幕墙和门

　　玻璃幕墙是建筑中常出现的一种幕墙形式，在地震中，玻璃幕墙也会因为连接不牢靠并且不能适应变形而破坏，而且容易形成幕墙雨。1985 年，墨西哥城的玻璃幕墙 17% 发生破坏，玻璃碎片伤人。采用石材幕墙等其他材料的幕墙形式，其破坏形式和玻璃幕墙大致相同。同时，建筑中的门窗因为不能适应墙体或者结构的变形而发生歪曲甚至破坏。

　　对于玻璃门窗，为满足安全性和完整性的要求而采用叠层玻璃或有机玻璃。采用退火玻璃，如果有完整性要求还需提供特殊的证明。玻璃门窗选择如表 8.1 所示。

玻璃门窗工程中玻璃材料的选择　　　　　　　　　　　　　　　　表 8.1

地震下的性能要求		能否接受破碎	有无安全性要求或无开闭功能的完整性要求		有无完整性要求
			首层	其他楼层	
无防落物的场所	退火玻璃	能	有	否	无
	钢化玻璃	能	有	有	无
	叠层玻璃	能	有	有	有
	有机玻璃	能	有	有	有
有防落物的场所	退火玻璃	能	有	有	无
	钢化玻璃	能	有	有	无
	叠层玻璃	能	有	有	有
	有机玻璃	能	有	有	有

　　总体上，在门窗工程与支承构件之间应留有一定的间隙，采用非脆性连接在地震时能起到弹簧作用。同样，应将玻璃搁置在有韧性的垫片上，保证玻璃、墙板以及边框之间的缝隙；边缘和墙板角部的倒角对于限制角部崩碎和玻璃破碎是非常重要的。槽口不应小于 10mm。不足的嵌入会导致边界的破裂和接缝的拔出。

　　为了限制门窗框的变形，门窗不应与柱子相邻，尤其是在柔性框架结构的情况下。同样要注意木边框门窗和 PVC 边框门窗比金属边框的门窗更能适应框架的变形，此外它们和玻璃之间的交互作用引起的破坏比金属边框的更小，尤其是金属边框很硬的情况下。不应采用粘结在刚性骨架上的自承重玻璃，互相垂直的玻璃之间的粘结特别容易遭到破坏。

3. 装饰和保温材料

墙体饰面在地震中大面积脱落，甩落伤人。饰面的脱落是由于长期的冻融温变的环境作用下粘结砂浆强度失去了部分强度，一经地震作用，砂浆强度不足而掉落。北方建筑中大量采用的墙体保温材料，一般直接由于重力作用破坏的比较少，而且破坏程度同使用的保温材料的种类有很大的关系，墙面装饰材料的破坏多数是因为无法适应较大的墙体侧向变形而拉裂。轻质的保温材料在地震中表现良好，但是大密度脆性材料由于不能适应地震中的变形而导致出现挤压破坏，然后脱落的现象很严重。

悬挂天花板的坠落会使贵重设备造成破坏，引起出口堵塞、恐慌，如果天花板中含有重型材料或带有尖锐的棱角，会给人员带来严重的伤害。因此，应尽量避免采用重型或脆性材料制成的天花板（比如瓷板）。天花板材料的选择应尽量轻，如矿物纤维板或塑料的栅格材料等。只有在配有纵向连续钢筋的情况下才能采用熟土制的天花板。

天花板不能简支搭在 T 形龙骨上，必须采用螺钉或弹性夹固定。吊杆不应通过焊枪密封固定，而应用膨胀螺栓固定。焊枪的固定方法可以用于金属屋架，但不适用于钢管与钢板构件。对于木支撑，建议采用镀锌螺栓，简单的钉子是不够的。

吊杆的分布应保证其中某根吊杆的断裂不会引起天花板的脱落。同样，一块或多块天花板的坠落不应引起周边天花板的相继坠落。对于斜吊杆的情况尤其要注意这点。

天花板与周边墙板之间应留有一定的缝隙，这样可以避免使自身遭受与主体结构相对变形带来的荷载。为了抵抗上升的力应该采用一定数量的刚性吊杆。

为了防止天花板晃动，其龙骨应沿两正交方向设倾斜的钢筋或拉杆支撑。对于置于天花板上的轻型设备也应该采取同样的措施：灯具、烟感探测器、进出风口等。天花板上不允许悬挂任何重型的设备（空调设备、灯具、管道等）。

4. 管道

建筑中大量的通风、采暖和给水排水等设备管道有水平放置的，也有竖直放置的。在地震中，竖直管道往往因为不能适应较大的水平侧移而发生破坏，在上述各大地震中都有破坏的实例，有些处于建筑楼层的较高位置水平管道也会因为与建筑物没有牢靠的连接，摔落而发生破坏。

各类顶棚的构件与楼板的连接件，应能承受顶棚、悬挂重物和有关机电设施的自重和地震附加作用；其锚固的承载力应大于连接件的承载力。悬挑雨篷或一端由柱支承的雨篷，应与主体结构可靠连接。玻璃幕墙、预制墙板、附属于楼屋面的悬臂构件和大型储物架的抗震构造，应符合相关专门标准的规定。

思　考　题

1. 非承重墙的主要震害是什么？其发生机理如何？及抗震措施要求。
2. 幕墙和门窗的主要震害是什么？其发生机理如何？及抗震措施要求。
3. 屋面附属构件和突出结构的主要震害是什么？其发生机理如何？及抗震措施要求。
4. 装饰和保温材料的主要震害是什么？其发生机理如何？及抗震措施要求。
5. 管道的主要震害是什么？其发生机理如何？及抗震措施要求。

第九章　隔震与消能减震技术

9.1　隔　震　技　术

隔震，即隔离地震。在建筑物基础上与上部结构之间设置由隔震器、阻尼器等组成的隔震层，隔离地震能量向上部结构传递，减少输入到上部结构的地震能量，降低上部结构的地震反应，达到预期的防震要求。隔震的建筑结构简称隔震结构。隔震结构分上部结构（隔震层以上结构）、隔震层、隔震层以下结构和基础四部分，其中隔震层是最关键部分。地震时，隔震结构的震动和变形均可只控制在较轻微的水平，从而使建筑物的安全得到更可靠的保证。进行隔震的建筑结构设计称为隔震设计，如图9.1～图9.3所示。

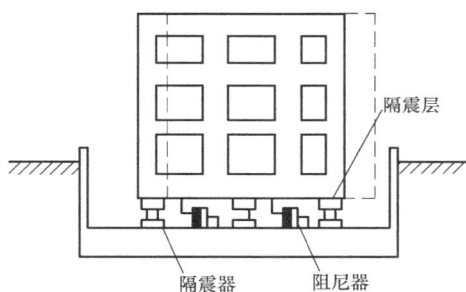

图9.1　隔震结构

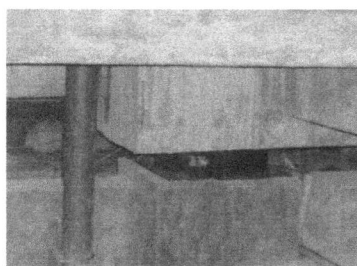

图9.2　四川雅安芦山县医院

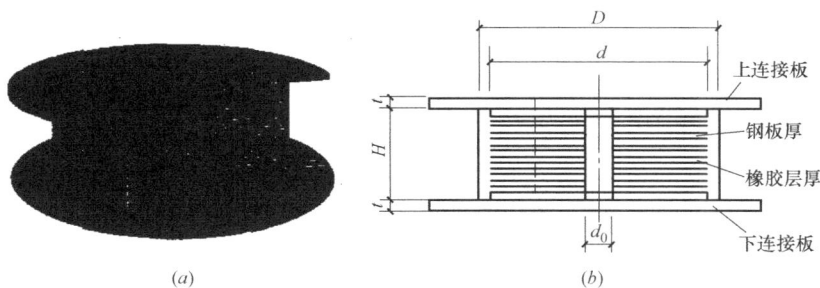

(a)　　　　　　　　　　　　　(b)

图9.3　橡胶支座的形状与构造详图
(a) 橡胶支座的形状；(b) 橡胶支座的构造

隔震层对整个结构系统起两大作用：

（1）由于隔震层的刚度很小，使整个隔震结构体系的自振周期大大增长，上部结构的地震加速度反应大大减小；

（2）隔震层采用高阻尼的元件组成，使整个隔震结构体系的阻尼加大，有效地吸收地震波输入上部结构的能量，大大减小地震对上部结构的作用力。

这两项作用，可使上部结构的加速度反应一般仅相当于不隔震情况下的 $1/8\sim1/4$。这样不仅能够达到减轻地震对上部结构损坏的目的，而且能使建筑物的装修及室内设备也得到有效的保护，乃至不影响室内设备的正常运行，地震时人仍可照常停留在室内。

隔震技术的出现，可使抗震设防超越"小震不坏，中震可修，大震不倒"的设计思想，达到更高的抗震安全可靠度水准，使建筑物在强烈的地震中不发生较严重的损伤。另外，由于强震时地面运动固有的复杂性和预测工作的高难度，使人们逐渐认识到，在结构抗震设计中以人为确定的地面运动强度和反应谱特性为目标的传统抗震设计方法，包含着由于地面运动不确定性可能引起的风险，为了减低这种风险，除了应加强设计地震的研究以外，更为现实的途径是使结构具有抗御不同地面运动特性的能力，使类似于共振的现象在地震中不可能出现，隔震技术即可满足这种要求。

9.2 消能减震技术

消能减震技术属于结构减震控制中的被动控制，它是指在结构物某些部位（如支撑、剪力墙、节点、连接缝或连接件、楼层空间、相邻建筑间、主附结构间等）设置消能（阻尼）装置（或元件），通过消能（阻尼）装置产生摩擦，弯曲（或剪切、扭转）弹塑（或黏弹）性滞回变形消能来消散或吸收地震输入结构中的能量，以减小主体结构地震反应，从而避免结构产生破坏或倒塌，达到减震抗震的目的。装有消能（阻尼）装置的结构称为消能减震结构，如图9-4、图9-5所示。

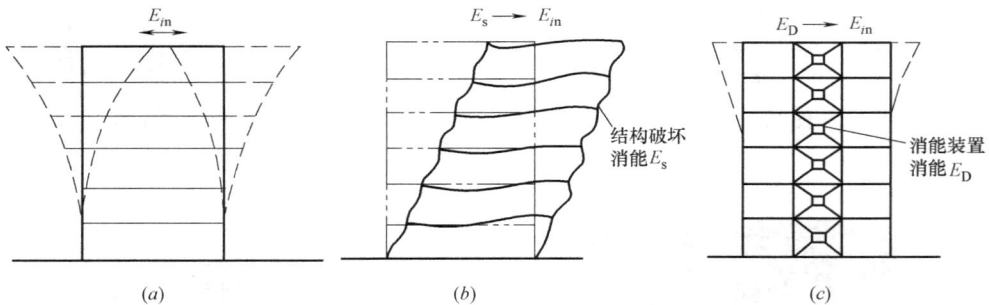

图9.4 结构能量转换途径对比
（a）地震输入；（b）传统抗震结构；（c）消能减震结构
E_{in}——地震过程中输入结构体系能量；E_s——主体结构及承重构件非弹性变形消耗能量；
E_D——结构耗能装置消耗能量

在建筑物的抗侧力结构中设置消能部件（由消能器、连接支承等组成），通过消能部件局部变形提供附加阻尼，吸收与消耗地震能量。这样的房屋建筑设计称"消能减震设计"。

消能减震技术因其减震效果明显、构造简单、造价低廉、适用范围广、维护方便等特点越来越受到国内外学者的重视。近年来，国内外的学者对已有消能器的可靠性和耐久性、新型消能器的开发、消能器的恢复力模型、消能减震结构的分析与设计方法、消能器的试点应用等方面作了大量的实验研究和理论研究。消能减震技术既适用于新建工程，也

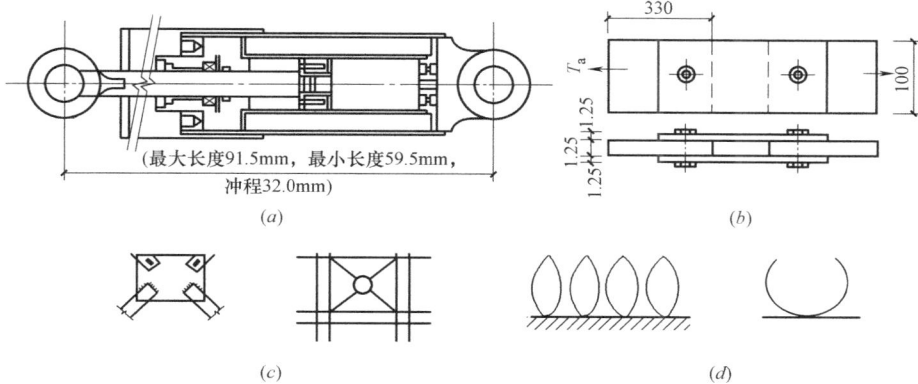

图 9.5 消能减震装置

(a) 活塞式阻尼器；(b) 摩擦阻尼器；(c) 耗能支撑；(d) 软钢阻尼

适用于已有建筑物的抗震加固、改造；既适用于普通建筑结构，也适用于抗震生命线工程。实际应用工程已超过 300 多个。

在美国，1972 年竣工的纽约世界贸易中心大厦就安装有约 10000 个黏弹性阻尼器，西雅图哥伦比亚大厦（77 层）、匹兹堡钢铁大厦（64 层）等许多工程都采用了该项技术。加劲阻尼（ADAS）装置已被用于旧金山一栋 2 层的钢筋混凝土建筑加固工程中；旧金山的另一栋非延性钢筋混凝土结构安装了软钢阻尼器。全美应用流体阻尼器的建筑总数已超过 3 项，位于加利福尼亚州的一栋 4 层饭店为柔弱底层结构，采用流体阻尼器进行抗震加固后，使其在保持本身风格的基础上，达到了美国抗震规范的要求。1994 年美国新 SanBermardino 医疗中心也应用了黏滞阻尼器，共安装了 233 个阻尼器。

日本是结构控制技术应用发展较快的国家，全国实际工程已超过百余项，其中均采用了不同的消能装置或控制技术。日本 Omiya 市 31 层的 Sonic 办公大楼共安装了 240 个摩擦阻尼器；东京的日本航空公司大楼使用了高阻尼性能油阻尼器（HiDAH）；东京代官山的一座高层建筑采用了黏滞阻尼墙装置进行抗震设计。

我国的学者和工程设计人员也正致力于该技术的研究与工程实用。现在摩擦消能器已被用于十余座单层、多层工业厂房和办公楼中，沈阳市政府的办公楼已采用摩擦消能器进行抗震加固，北京饭店和北京火车站也使用黏性阻尼器进行抗震加固，铅黏弹性阻尼器已被用于广州和汕头的两幢高层建筑。

抗震结构中，主要依靠构件消耗输入的地震能量，但因结构构件在利用其自身弹塑性变形消耗地震能量的同时，构件本身将遭到损伤甚至破坏，某一结构构件消能越多，则其破坏越严重。在消能减震结构体系中，消能（阻尼）装置或元件在主体结构进入非弹性状态前率先进入消能工作状态，充分发挥消能作用，消散大量输入结构体系的地震能量，则结构本身需消耗的能量很少，这意味着结构反应将大大减小，从而有效地保护了主体结构，使其不再受到损伤和破坏。

消能减震结构具有减震机理明确、减震效果显著、安全可靠、经济合理、技术先进、适用范围广等特点。目前，已被成功用于工程结构的减震控制中。

9.3　隔震与消能减震结构的适用范围

采用消能减震设计时，输入到建筑物的地震能量一部分被阻尼器所消耗，其余部分则转换为结构的动能和变形能。这样，也可以达到降低结构地震反应的目的。阻尼器有黏弹性阻尼器、黏滞阻尼器、金属阻尼器、电流变和磁流变阻尼器等。

国内外的大量试验和工程经验表明："隔震"一般可使结构的水平地震作用降低60%左右，从而消除或有效地减轻结构和非结构的地震损坏，提高建筑物及其内部设施、人员在地震时的安全性，增加震后建筑物继续使用的能力。

采用消能方案可以减少结构在风作用下的位移已是公认的事实，同理，对减少结构水平和竖向地震反应也是有效的。

隔震结构主要用于体形基本规则的低层和多层建筑结构。在Ⅰ、Ⅱ、Ⅲ类场地的反应谱周期均较小，可建造隔震建筑。新建和建筑抗震加固中均可采用消能减震结构，消能部件的置入，不改变主体承载结构的体系，又可减少结构的水平和竖向地震作用，不受结构类型和高度的限制。

以上所述采取的合理、有效的隔震和消能减震措施，即对结构施加控制装置（系统），由控制装置与结构共同承受地震作用，即共同储存和消耗地震能量，以调谐和减轻结构的地震反应。这是积极主动的抗震对策，是抗震对策的重大突破和发展。

表9.1列出了隔震设计和传统设计在设计理念上的区别。

隔震与消能减震房屋和抗震房屋设计理念对比　　　　　　　　　　　表 9.1

	抗震房屋	隔震房屋	消能减震房屋
结构体系	上部结构和基础牢牢连接	削弱上部结构与基础的有关连接	主体承载结构不变
科学思想	提高结构自身的抗震能力	隔离地震能量向建筑物输入	吸收和消耗地震能量
方法措施	强化结构刚度和延性	滤波	置入消能部件

思　考　题

1. 隔震结构和传统抗震结构有何区别和联系？
2. 隔震和消能减震有何异同？
3. 什么是隔震的建筑结构和消能减震设计？
4. 隔震和消能减震房屋的主要特点及适用范围。

参 考 文 献

［1］ 沈聚敏，周锡元，高小旺，刘晶波. 抗震工程学［M］. 北京：中国建筑工业出版社，2000.

［2］ 建筑抗震设计规范：GB 50011—2010［S］. 北京：中国建筑工业出版社，2010.

［3］ 钢结构设计规范：GB 50017—2003［S］. 北京：中国建筑工业出版社，2003.

［4］ 砌体结构设计规范：GB 50003—2011［S］. 北京：中国建筑工业出版社，2012.

［5］ 普通混凝土配合比设计规程：JB—2011［S］. 北京：中国建筑工业出版社，2012.

［6］ 建筑工程抗震设防分类标准［S］. 北京：中国建筑工业出版社，2008.

［7］ 建筑物抗震构造详图（多层和高层钢筋混凝土房屋）：11G329-1［S］. 北京：中国建筑工业出版社，2011.

［8］ 建筑物抗震构造详图（多层砌体房屋和底部框架砌体房屋）：11G329-2［S］. 北京：中国建筑工业出版社，2011.

［9］ 建筑物抗震构造详图（单层工业厂房）：11G329-3［S］. 北京：中国建筑工业出版社，2011.

［10］ 中国建筑标准设计研究院. 门式刚架轻型房屋钢结构：04SG518-1［S］. 北京：中国计划出版社，2011.

［11］ 装配式木结构建筑技术标准：GB/T 51233—2016［S］. 北京：中国建筑工业出版社，2016.

［12］ 装配式钢结构建筑技术标准：GB/T 51232—2016［S］. 北京：中国建筑工业出版社，2016.

［13］ 装配式混凝土建筑技术标准：GB/T 51231—2016［S］. 北京：中国建筑工业出版社，2016.